LES INVENTIONS
EN 3 MINUTES CHRONO

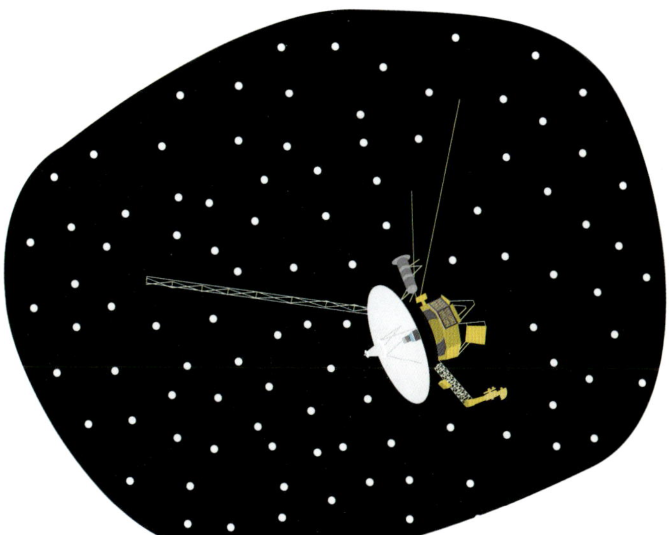

Dans la même collection

L'Espace en 3 minutes chrono
La Mythologie en 3 minutes chrono
La Terre en 3 minutes chrono
La Science en 3 minutes chrono
Le Corps humain en 3 minutes chrono

Titre original : *Inventions in 30 seconds*

Traduit de l'anglais par André Gagnon

ISBN : 978-2-7029-1160-0

www.editions-tredaniel.com
info@guytredaniel.fr

DIRECTEUR CRÉATIF Peter Bridgewater
ÉDITEUR Susan Kelly
RÉDACTEUR EN CHEF Hazel Songhurst
DIRECTEUR DE PRODUCTION Hazel Songhurst
DIRECTEUR DE PROJET Claire Saunders
DIRECTEUR ARTISTIQUE Kim Hankinson
MAQUETTE Amy McSimpson et Lisa McCormick
ILLUSTRATEUR Chris Anderson (couleur) Marta Munoz (noir et blanc)

Imprimé en Chine

LES INVENTIONS
EN 3 MINUTES CHRONO

Dr MIKE GOLDSMITH

LE COURRIER DU LIVRE
jeunesse
27, rue des Grands Augustins
75006 Paris

Table des matières

À propos de ce livre
... en 60 secondes

Simplement en regardant autour de toi, combien d'inventions peux-tu compter ? Les chances sont fortes qu'il y en ait des centaines ! Et notre vie quotidienne ne serait certainement pas la même sans elles.

Presque chacune de ces inventions a été créée parce que quelqu'un, quelque part, a senti que quelque chose manquait et l'a mis au point. Pense à cela : si tu lis ces mots aujourd'hui, c'est parce qu'une personne, il y a des centaines d'années, a inventé l'imprimerie, et qu'avant elle, une autre a inventé le papier, et une autre avant elle l'encre... et ainsi de suite jusqu'à l'écriture elle-même.

Qui a inventé toutes ces choses ? Quand nous pensons à un inventeur, il est tentant de l'imaginer avec des cheveux fous et un sarrau blanc, travaillant seul dans un laboratoire rempli d'instruments bizarres – et il est vrai que certains inventeurs ont mis au point leur trouvaille dans ces conditions. Mais habituellement, les inventions ont été développées par plusieurs personnes au fil d'un long processus. Pour qu'une idée de départ finisse par devenir un prototype achevé qui remplit sa fonction, des centaines d'années sont parfois nécessaires, ainsi que plusieurs chercheurs différents.

Il y a encore un siècle ou deux, les inventeurs avaient souvent le même problème : ils se faisaient voler leurs idées par d'autres personnes. Fort heureusement, quelqu'un a pensé à créer... une invention pour faciliter la vie des inventeurs : le brevet. Quand tu brevètes une invention, un organisme spécialisé dans la gestion des brevets a le mandat de vérifier si l'invention que tu proposes n'a pas déjà été créée, puis il s'assure que personne ne la copiera.

L'inventeur se distingue d'un scientifique, d'un mathématicien ou d'un ingénieur par le fait qu'il n'a pas besoin de passer des années à l'école, au collège ou à l'université. Beaucoup d'inventeurs ont une idée qui germe dans leur esprit et ils se mettent tout bonnement à la développer. Ainsi, n'importe qui peut devenir inventeur, à commencer par toi.

Ce livre présente 30 des plus grandes inventions au monde. L'histoire de chacune d'elles est exposée dans un texte d'une page, et également en un résumé-éclair pour ceux qui seraient très pressés... Puis tu peux tenter de relever différents défis : fabriquer une boussole, créer de l'électricité, mesurer une micro-onde, propulser une fusée, inventer un implant pour devenir un surhomme, et bien d'autres choses encore !

Simplifier la vie

Certaines inventions ont été conçues tout bonnement pour faciliter notre quotidien. Autrefois, les gens s'adaptaient en fonction de ce que la nature leur offrait, en fabriquant un abri rudimentaire à partir de branches, en utilisant des coquilles creuses comme coupes pour boire, et la peau des animaux pour se tailler des vêtements. Peu à peu, des inventions tels que le tissage, la chasse d'eau, le chauffage central et la lumière électrique ont rendu notre vie plus simple et plus confortable, si bien que de nos jours, nous tenons pour acquises la plupart de ces innovations.

Glossaire

ampoule fluorescente Ampoule remplie de gaz. Sa surface interne brille quand elle est alimentée par un courant électrique.

ampoule incandescente Ampoule contenant un filament.

biodégradable Capable de se dissoudre naturellement sans nuire à l'environnement.

boulier Appareil constitué de tiges et de boules et permettant aux gens d'effectuer des calculs élémentaires.

chaudière Chauffe-eau, souvent muni de tuyaux et d'une pompe pour envoyer l'eau là où on en a besoin.

égout Tunnel, fossé ou tuyau utilisé pour l'évacuation des eaux usées (celles des toilettes, de la vaisselle, de l'eau de pluie, etc.)

énergie Capacité pour un ou des objets, ou encore une substance, de fournir de la chaleur, de la lumière ou un mouvement.

fil de la trame Le fil qui est passé sur et sous les fils de la chaîne, sur la largeur du métier à tisser, afin de fabriquer un tissu.

filament Fil de fer très fin qui brille quand on y fait passer de l'électricité.

fils de la chaîne Fils tendus sur la longueur d'un métier à tisser. Le fil de la trame est passé au-dessus et en dessous des fils de la chaîne afin de fabriquer un tissu.

foyer Endroit où on brûle du carburant, souvent afin de chauffer un édifice.

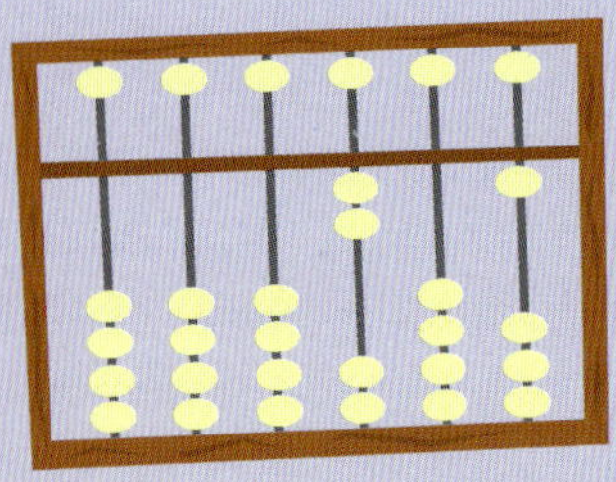

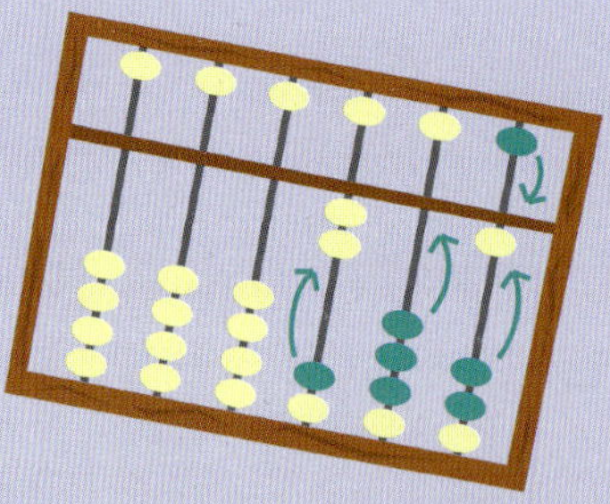

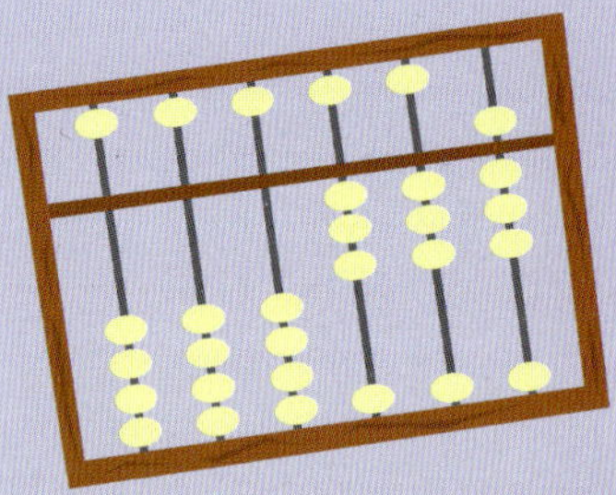

germe Minuscule être vivant ou composé chimique seulement visible au microscope, susceptible de causer des maladies.

isolant thermique Matériel utilisé pour recouvrir un tuyau d'eau chaude ou une cuve afin de lui conserver sa chaleur.

isolé Recouvert d'un matériel empêchant la vapeur ou l'électricité de s'échapper.

lin Plante à partir de laquelle est fabriqué le tissu du même nom. Celui-ci est sans doute le premier tissu conçu par l'homme.

linge de maison Sans doute la plus ancienne sorte de tissu, tissé à partir du lin. Il est toujours utilisé de nos jours.

métier à tisser Une machine employée pour fabriquer du tissu.

nylon Une des toutes premières fibres artificielles, utilisée à l'origine pour remplacer la soie.

pétrole Liquide se trouvant sous la croûte terrestre, utilisé comme carburant ou composant dans la fabrication de matières comme le plastique.

pot de chambre Récipient pour recueillir l'urine et les excréments, utilisé avant l'invention des toilettes modernes.

Révolution industrielle Période commençant à la fin du 18e siècle, quand la maîtrise de la vapeur transforma le monde en améliorant les moyens de transport et le déplacement des marchandises.

thermostat Interrupteur automatique permettant d'atteindre une certaine température. Un thermostat est souvent employé pour déclencher un système de chauffage quand une pièce est trop froide.

tissu Matériel doux et souple fabriqué à base de fibres, comme le coton.

Le tissage

... en 30 secondes

Vêtements, couvertures, serviettes, rideaux, tapis : il n'est pas facile d'imaginer notre vie sans tous ces articles. Toutefois, pendant des milliers d'années, les êtres humains ne pouvaient compter que sur la peau des animaux afin de se vêtir et se couvrir pour dormir.

Puis, il y a environ 6 000 ans, quelqu'un a découvert que les fibres de certaines plantes et la laine de certains animaux pouvaient être entortillées et tournées (« filées ») de manière à former de longs fils résistants. Le tout premier fil était probablement constitué de lin, une plante qui ressemble au roseau. Plus tard, les soyeuses enveloppes des graines du coton et les toisons tout aussi douces des moutons ont été utilisées pour fabriquer des brins de coton et de laine.

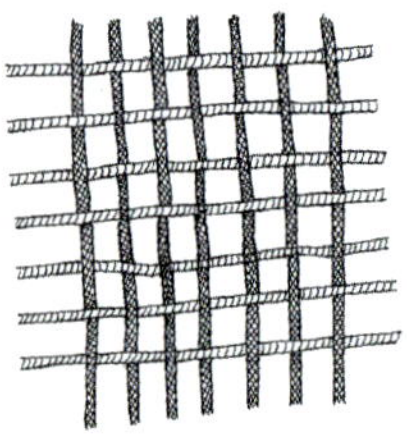

Mais comment ces gens s'y prenaient-ils pour faire des vêtements et autres objets d'utilité à partir de ces fils ? En tissant ! Les premiers métiers à tisser ont sans doute été créés dans l'Égypte ancienne, et cette idée s'est répandue de par le monde. Au 18e siècle, des gens ont réuni un grand nombre de grands métiers à tisser afin de constituer les premières manufactures. Au siècle suivant, on s'est servi de la vapeur pour faire fonctionner des métiers encore plus grands et au 20e siècle, ce fut au tour de l'électricité de prendre le relais. C'est encore le cas aujourd'hui.

Résumé en 3 secondes

Le tissage transforme les fils en tissu.

Mission en 3 minutes Le tissage

Matériel : 2 feuilles de papier de couleur, l'une plus pâle que l'autre • des ciseaux • de la colle en bâton

Coupe 12 bandes de papier de 12 x 1 cm d'une couleur, puis 12 de l'autre couleur.

Entrelace les bandes les unes avec les autres en collant les extrémités, de manière à créer un carré. Essaie de faire d'autres formes ou d'utiliser 4 couleurs. Que se passe-t-il si les bandes de couleur plus claire sont plus minces ?

Pendant des milliers d'années, de nombreux tissus ont été fabriqués de la même manière : la laine d'un animal était tournée en fil puis tissée à l'aide d'un métier pour confectionner des vêtements.

La toison d'un animal est tondue, lavée, teinte et tournée en longs fils ou brins.

Devant son métier, le tisserand se sert de la navette pour passer le fil de la trame au-dessus et au-dessous des fils de la chaîne.

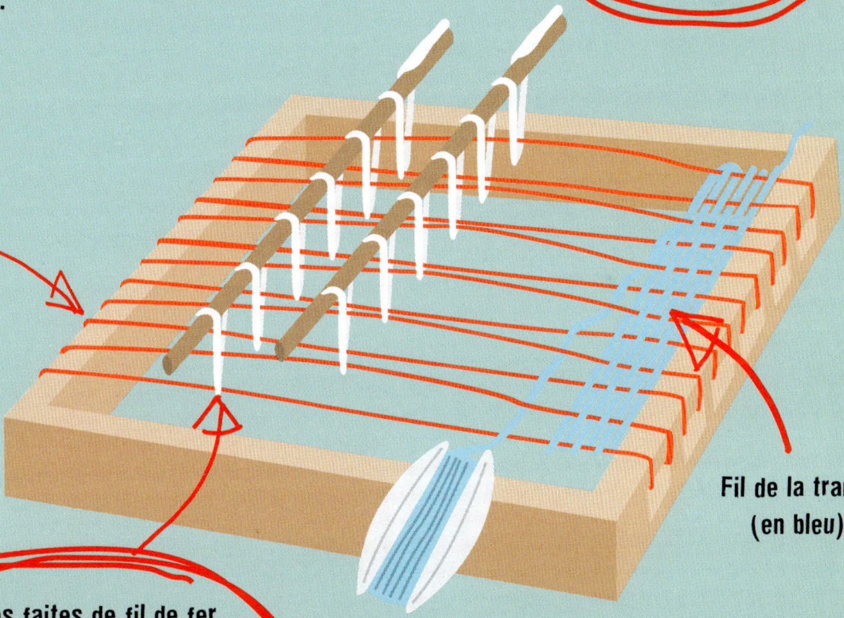

Des lisses faites de fil de fer ou de corde séparent les fils de la chaîne de façon à ce que la navette puisse passer aisément au-dessus et au-dessous.

Aujourd'hui, le tissage est surtout exécuté par des métiers automatisés alimentés par l'électricité, un procédé plus rapide qui permet de produire des motifs d'une grande complexité.

Le boulier

... en 30 secondes

Depuis le jour où les gens ont eu à compter des choses et faire du commerce, les mathématiques leur ont été nécessaires. Si de simples additions peuvent être calculées mentalement ou sur les doigts, des opérations complexes avec de grands chiffres appellent un outil plus adéquat : le boulier.

Quelques barres tracées dans le sable ont sans doute constitué le premier boulier. Chaque barre représentait un élément différent : la première signifiait peut-être les centaines ; la deuxième, les dizaines ; la troisième, les unités. En plaçant des cailloux sur les barres, des chiffres pouvaient être enregistrés ; en les déplaçant, des additions pouvaient être calculées.

Le boulier tel que nous le connaissons aujourd'hui – des billes glissant sur des tiges dans un cadre de bois – a été mis au point en Chine il y a 2 000 ans. Il a continué à être utilisé pendant des centaines d'années et on le trouve encore aujourd'hui en certains endroits. Le boulier n'a été que l'une des nombreuses inventions mathématiques, parmi lesquelles la machine à calculer (inventée au 17e siècle), la calculatrice électronique (utilisée depuis les années 1970) et l'ordinateur.

Résumé en 3 secondes

Le boulier a été la première invention permettant de résoudre facilement des calculs élémentaires.

Mission en 3 minutes **Fabrique un boulier**

Matériel : un carton rigide de 30 X 20 cm • 6 bouts de corde longs de 20 cm • 30 billes trouées • du ruban adhésif • une règle de 30 cm

Découpe le centre du carton pour lui donner la forme d'un cadre. Enfile cinq billes à chaque corde, et colle une extrémité de chaque corde au sommet du cadre et une autre au bas. Fais glisser les quatre premières billes de chaque corde au bas du cadre, et l'autre au sommet. Puis colle ta règle au milieu du cadre de manière à séparer les deux groupes de billes.

Un boulier fonctionne par valeurs de une et de cinq unités. Les boules au-dessus de la tige centrale comptent pour cinq unités ; celles qui sont au-dessous pour une.

Pour déchiffrer une colonne, compte le nombre de 1 et de 5 qui touchent la tige centrale du cadre. Ainsi tu peux lire de gauche à droite le chiffre 1 352 964 709.

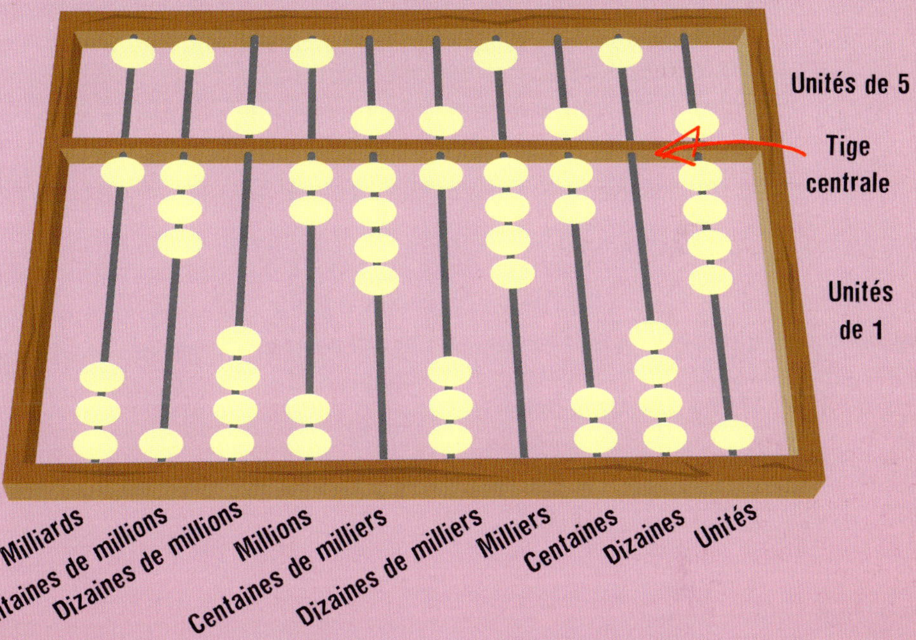

Le boulier était déjà utilisé par les commerçants il y a des milliers d'années. Ci-dessous, on voit une addition, mais le boulier peut aussi soustraire, diviser et multiplier.

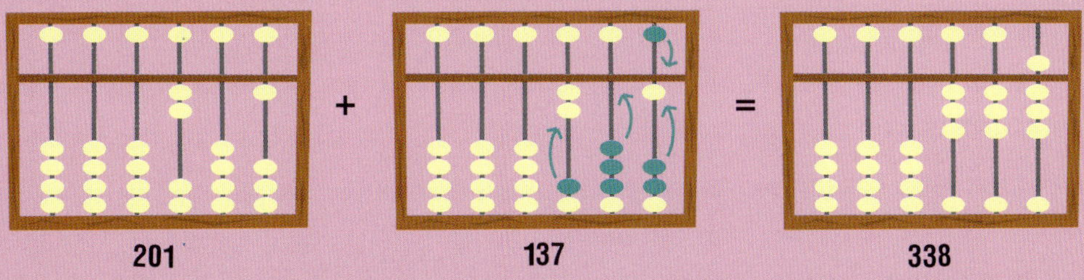

Le chauffage central

... en 30 secondes

Le chauffage central est une méthode qui consiste à diffuser, à partir d'une seule source, de la chaleur dans tout un édifice. Il y a 50 ans, le chauffage central était rare. Des radiateurs électriques ou au gaz, ou encore de simples feux, gardaient alors les gens au chaud. Aujourd'hui, dans les pays nordiques, toute maison moderne est équipée du chauffage central.

Assez bizarrement, ce n'est pas une invention moderne : il a été mis au point par les Romains environ 200 ans avant J.-C. Ils construisaient leurs élégantes demeures en aménageant des espaces vides sous les planchers et derrière les murs, et la fumée et l'air chaud produits par un foyer (un feu dans un espace clos) passaient par ces espaces avant de s'échapper dehors. Ce procédé était appelé « hypocauste ».

Après les Romains, personne n'a repris cette idée jusqu'à la Révolution industrielle, quand les radiateurs à eau chaude ont fait leur apparition. Mais la percée majeure est survenue en 1950 quand on a inventé un chauffe-eau (une chaudière) au gaz assez petit et sécuritaire pour être utilisé dans une maison. Tout comme aujourd'hui, l'eau chaude était pompée depuis cette chaudière par des tuyaux et conduite jusqu'aux radiateurs par lesquels était diffusée la chaleur qui réchauffait les pièces.

Résumé en 3 secondes

Le chauffage central rend nos foyers plus confortables et plus faciles à chauffer.

Mission en 3 minutes **Piéger la chaleur**

Matériel : 2 pots à confiture identiques avec leurs couvercles • un vieux chandail • un thermomètre

Remplis d'eau chaude les deux pots jusqu'à ras bord et revisse bien leurs couvercles. Enveloppe l'un des deux pots dans le chandail. Au bout de 20 minutes, calcule la température des deux pots avec le thermomètre. Le chandail a « isolé » le pot enveloppé et a réduit la perte de chaleur, tout comme le fait la matière appelée « isolant thermique » pour les tuyaux d'eau chaude modernes. Fais la même expérience avec du carton ondulé, de la laine ou du papier bulle pour voir ce qui fonctionne le mieux.

Dans les systèmes de chauffage central romain et moderne, la chaleur située dans un certain endroit est diffusée dans toute la demeure.

L'air chaud est évacué le long de murs de briques creuses jusqu'au toit.

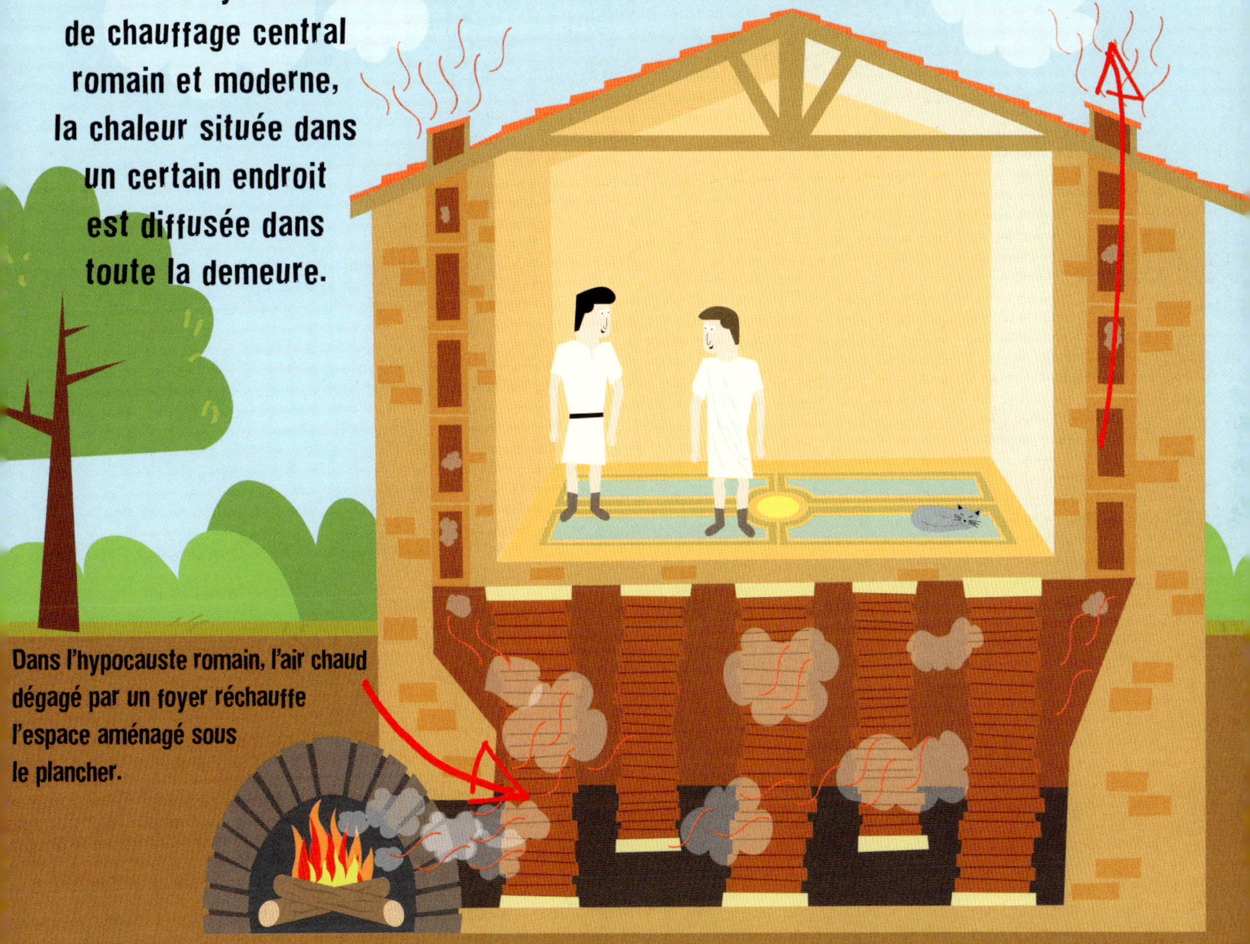

Dans l'hypocauste romain, l'air chaud dégagé par un foyer réchauffe l'espace aménagé sous le plancher.

Dans un système de chauffage central moderne, l'eau est chauffée dans la chaudière.

Un thermostat contrôle la température.

La chaleur est diffusée dans l'air ambiant, et l'eau se rafraîchit.

L'eau rafraîchie est pompée vers la chaudière afin d'être chauffée de nouveau.

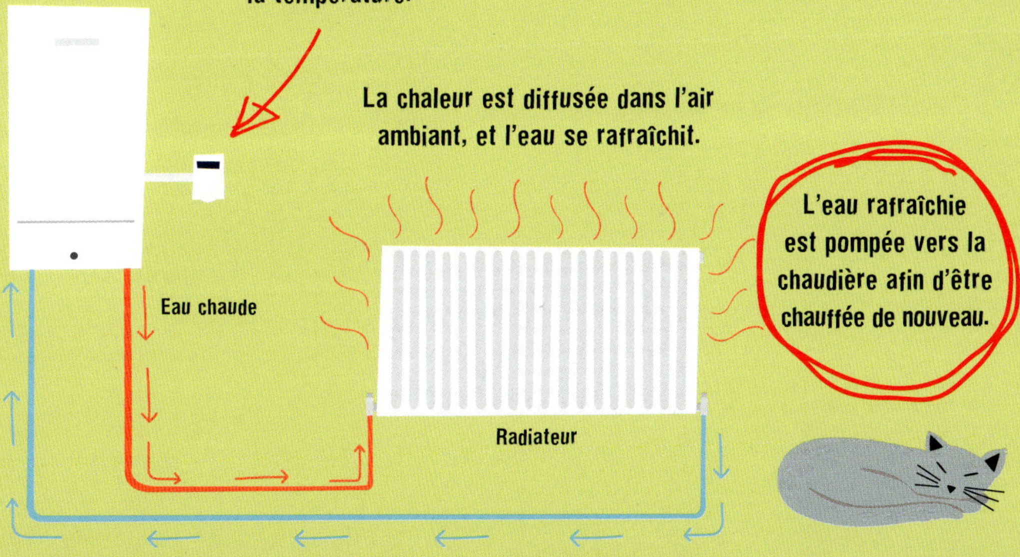

La chasse d'eau

... en 30 secondes

Avant que les gens ne vivent dans des maisons, aller aux toilettes n'était pas compliqué : vous faisiez ce que vous aviez à faire, puis vous poursuiviez votre route. Mais faire ses besoins dans une maison soulève un problème : que faire des excréments ? Les riches chargeaient leurs domestiques de disposer de leurs pots de chambre, qui étaient vidés dans la rivière la plus proche ou tout simplement dans la rue. Conserver longtemps des excréments sous un toit n'entraînait pas seulement des mauvaises odeurs : les germes de toutes sortes qu'ils recèlent sont nuisibles, voire mortels.

En 1597, Élizabeth Ire a été l'heureuse utilisatrice des premières toilettes modernes munies d'une chasse d'eau, mises au point par son filleul, sir John Harington. Hélas, cette invention ne réglait pas la question de l'odeur, pas plus que celle de l'évacuation des excréments. En fait, ce problème est resté irrésolu jusqu'au 18e siècle, quand les gens, comprenant enfin les risques associés aux germes, ont recouru aux égouts, ces tunnels servant à l'évacuation des excréments et de l'urine.

Sir Harington était en avance sur son temps avec son invention. On a seulement construit deux de ses toilettes, et près de deux siècles se sont écoulés avant qu'on entende parler de toilettes à chasse d'eau.

Résumé en 3 secondes

Les toilettes à chasse d'eau ont remplacé les pots de chambre, nous débarrassant des mauvaises odeurs et des germes.

Question d'essuyage

Nous savons que les Chinois utilisaient déjà, il y a 2 500 ans, du papier pour s'essuyer. En d'autres pays et en d'autres temps, différentes matières ont été employées, dont la neige, des cailloux, des éponges fixées au bout d'un bâton, des morceaux de pot et des coquillages. Beaucoup préféraient s'en remettre à l'eau. Au 19e siècle, les vieux journaux constituaient une solution appréciée. Il faudra attendre 1857 pour voir apparaître sur le marché le premier papier conçu spécialement pour s'essuyer, une invention signée Joseph C. Gayetty.

Le secret des toilettes sans mauvaise odeur réside dans l'eau fraîche qui remplit la cuvette.

La reine Élizabeth Ire a possédé les premières toilettes à chasse d'eau, mais l'appareil n'enrayait pas les mauvaises odeurs.

Quand tu actionnes des toilettes modernes, la poignée ou le bouton fait s'ouvrir une valve dans la citerne.

L'eau déferle dans la cuvette, repoussant son contenu dans le coude en S (tuyauterie).

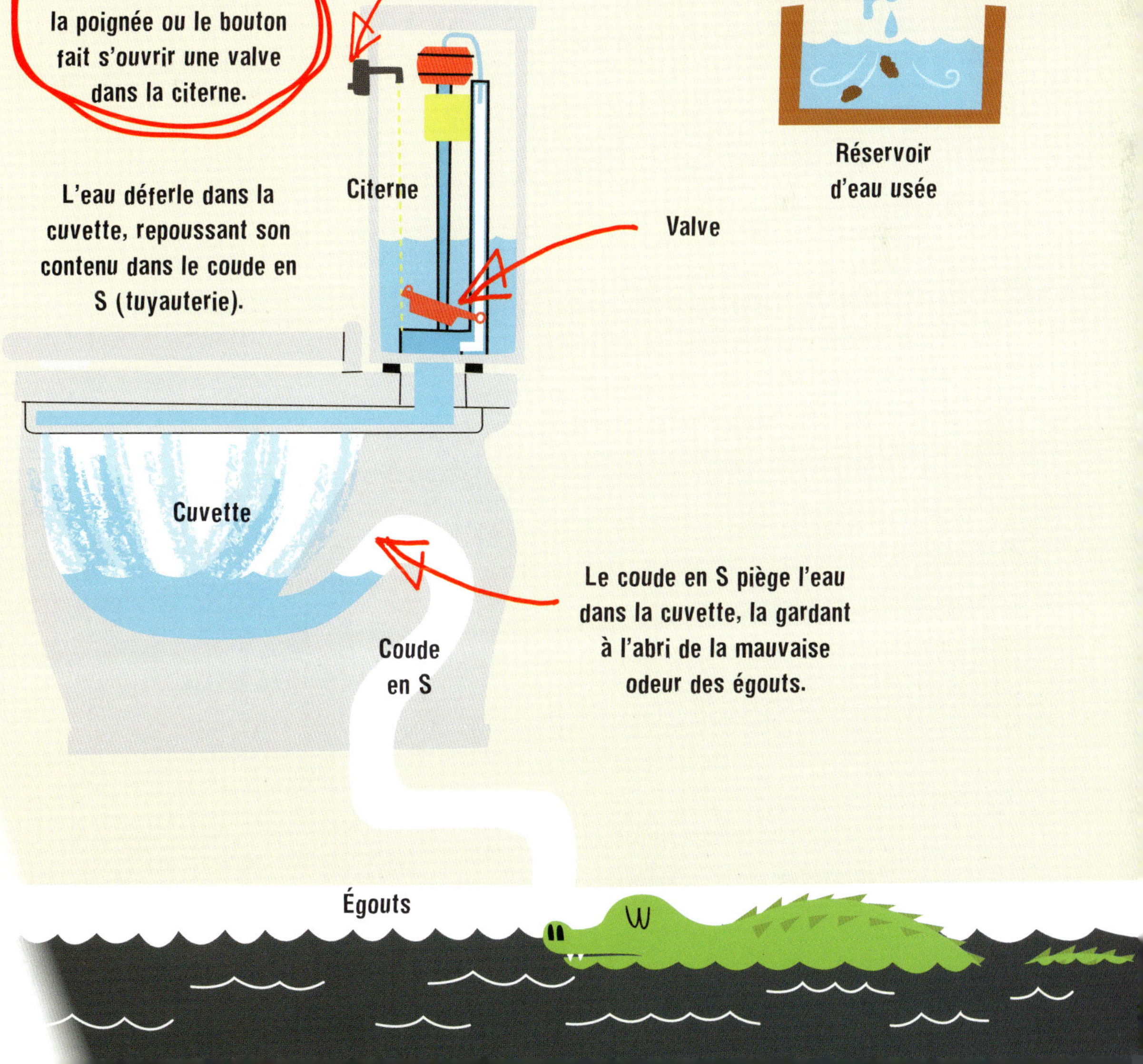

Le coude en S piège l'eau dans la cuvette, la gardant à l'abri de la mauvaise odeur des égouts.

L'ampoule

... en 30 secondes

L'ampoule est une invention si brillante qu'on la met au-dessus de la tête des personnages de bandes dessinées pour montrer qu'ils ont une idée ! En fait, l'invention de l'ampoule a vraiment changé le monde. Avant elle, les gens devaient se fier à des lampes à gaz fragiles, des chandelles ou des lampes à l'huile pour s'éclairer. Mais l'ampoule a rendu les domiciles et les commerces assez lumineux pour nous permettre de vaquer à des activités après le coucher du soleil. Tout ça en actionnant un simple interrupteur...

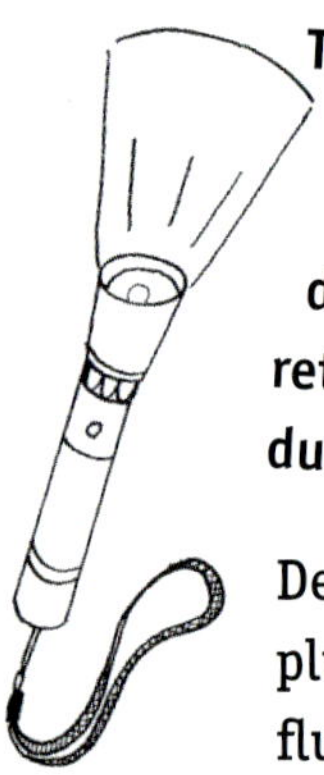

L'ampoule a été conçue dans les années 1870 par l'inventeur américain Thomas Edison, et au même moment par l'Anglais Joseph Swan. L'idée était simple : quand l'électricité passe par un fil (le « filament »), elle le chauffe suffisamment pour le faire briller. Le défi était cependant d'empêcher le fil de brûler. La solution consistait à placer le fil dans une ampoule dont on avait retiré l'air : pas d'air, pas de combustion et, par conséquent, une ampoule durable.

De nos jours, peu d'ampoules ont encore des filaments ; elles contiennent plutôt des gaz spéciaux. Inventées en 1926, ces nouvelles ampoules sont dites fluorescentes et constituent une importante avancée, puisqu'elles produisent moins de chaleur et qu'ainsi la plus grande partie de l'électricité qu'elles consomment est convertie en lumière.

Résumé en 3 secondes

L'électricité passant à travers un mince filament produit de la chaleur et de la lumière.

Mission en 3 minutes **Allume une ampoule**

Matériel : un ballon • une ampoule fluorescente • un adulte pour t'assister

Apporte ton ballon et ton ampoule dans une pièce sombre. Frotte le ballon une soixantaine de fois sur tes cheveux afin de le charger d'électricité statique. Applique ensuite le ballon sur l'ampoule, et tu verras se former de petites étincelles. Celles-ci sont produites par l'électricité statique, tout comme la lueur normale d'une ampoule est produite par l'alimentation électrique de ta maison.

Les premières ampoules – incandescentes – ont été remplacées par des ampoules fluorescentes, beaucoup plus efficaces.

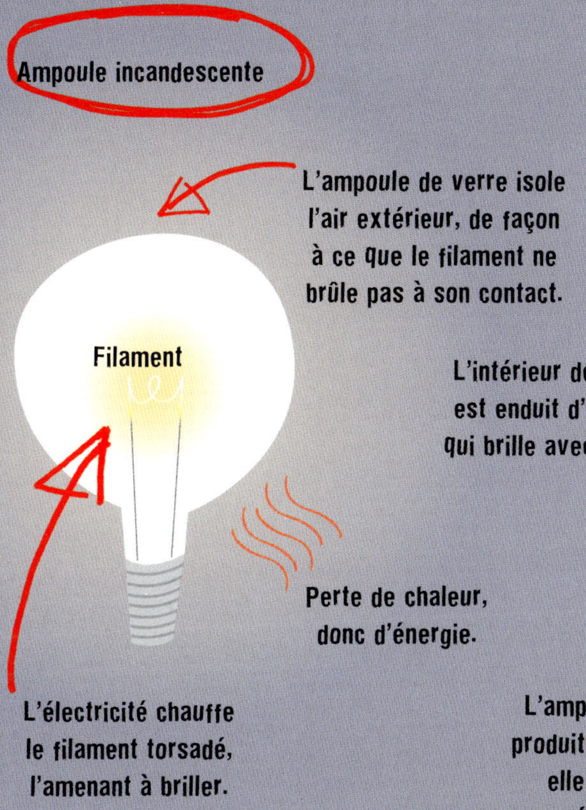

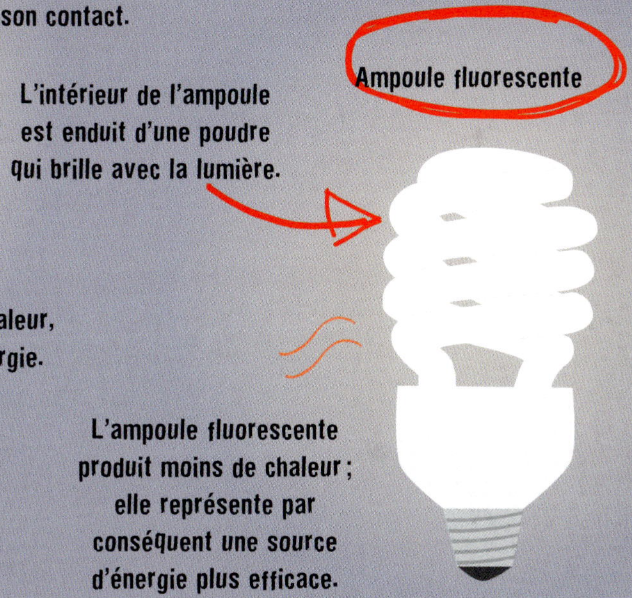

La fibre artificielle

... en 30 secondes

Des fibres naturelles comme la laine, le coton et la soie sont très utiles de bien des manières, mais elles ont aussi leurs limites. La mise au point des fibres artificielles – c'est-à-dire des fibres obtenues par des procédés chimiques plutôt qu'à partir de plantes ou d'animaux – a permis de fabriquer des matières plus résistantes à un coût moins grand, sans avoir à dépendre de champs de coton ou de troupeaux de moutons.

Une des premières – et des plus importantes – fibres artificielles a été le nylon, inventé en 1935 par l'Américain Wallace Carothers. En créant le nylon, Carothers a proposé aux consommatrices une alternative économique aux délicats et coûteux bas de soie. Fait à partir du pétrole, le nylon a vite remplacé la soie dans la fabrication des bas et de bien d'autres produits, dont les parachutes pendant la Deuxième Guerre mondiale.

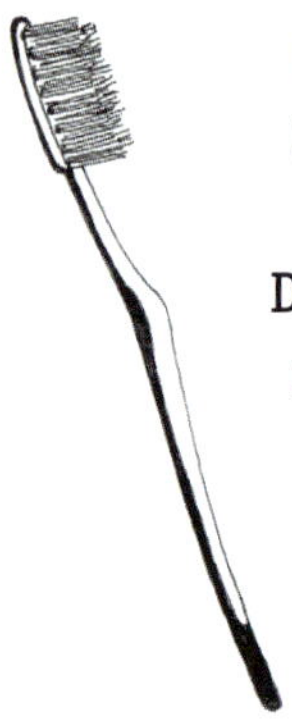

D'autres fibres artificielles n'ont pas tardé à suivre, parmi lesquelles le polyester mis au point dans les années 1950 (de nos jours, la plus populaire des fibres artificielles). Elles sont utilisées pour fabriquer toutes sortes d'articles : des cordes de guitare, des passoires, des gilets pare-balles, des brosses à dents et même, en médecine, les points de suture qui se dissolvent après avoir fait leur travail.

Résumé en 3 secondes

Les fibres artificielles peuvent être utilisées pour fabriquer des produits plus résistants et à un coût moindre que les fibres naturelles.

Naturel contre artificiel

Tes vêtements sont-ils tissés en fibres naturelles, comme le coton, la laine ou le lin, ou en fibres artificielles comme le polyester ou le nylon ? Ou d'un mélange des deux ? Jette un coup d'œil sur l'étiquette pour le savoir.

Quel est l'avantage des fibres artificielles ? Pour commencer, elles sont solides et sèchent vite quand on les mouille. Elles ne dépendent pas des récoltes et des animaux élevés, et elles coûtent moins cher à produire et à acheter. Cependant, elles ne sont pas biodégradables, et leur fabrication cause plus de pollution que celle des fibres naturelles.

Le nylon et les autres fibres artificielles sont créés à partir de produits chimiques qui sont transformés en fils et convertis en plusieurs matières différentes.

Le nylon est fabriqué en faisant jaillir du nylon liquide chaud à travers de minuscules trous nommés « filières ».

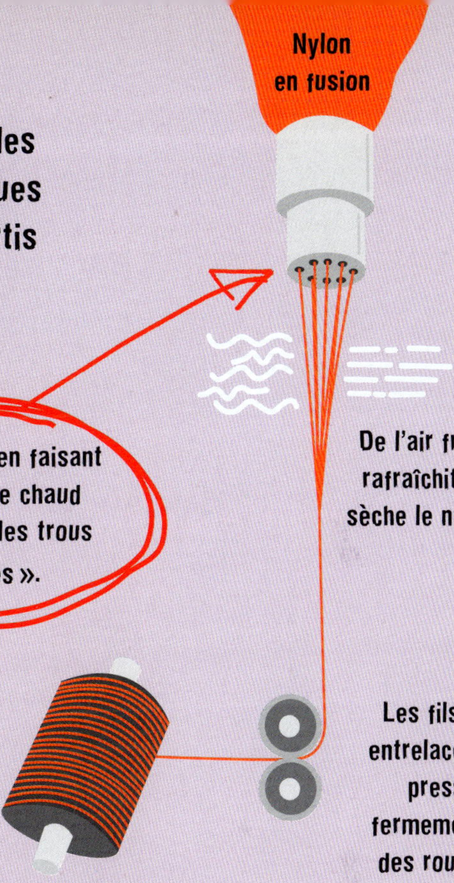

De l'air froid rafraîchit et sèche le nylon.

Les fils sont entrelacés puis pressés fermement par des rouleaux.

Parce que le nylon est une fibre artificielle, on peut lui donner les propriétés idéales convenant à une multitude d'articles, depuis les collants délicats jusqu'aux combinaisons spatiales résistantes et indéchirables.

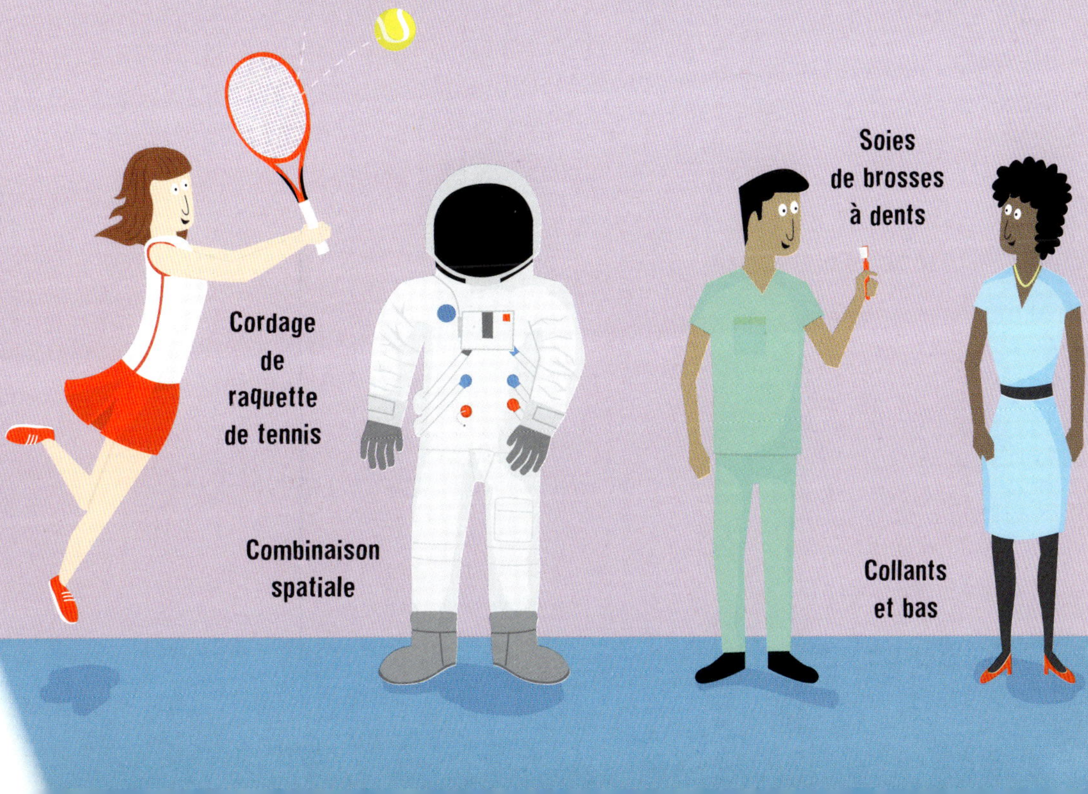

Les communications

Les êtres humains aiment communiquer, mais la parole a un rayon d'action limité : elle ne voyage pas très loin, même si tu cries très fort, et son écho ne dure pas très longtemps non plus. L'invention de l'écriture a été si importante que les gens la considèrent comme le point de départ de l'histoire de l'humanité. Dès le moment où cette histoire a commencé, on a vu des personnes inventer de nouvelles manières de communiquer : l'écriture, l'imprimerie, le téléphone, le texto... Aujourd'hui, nous pouvons communiquer avec n'importe qui partout sur la planète.

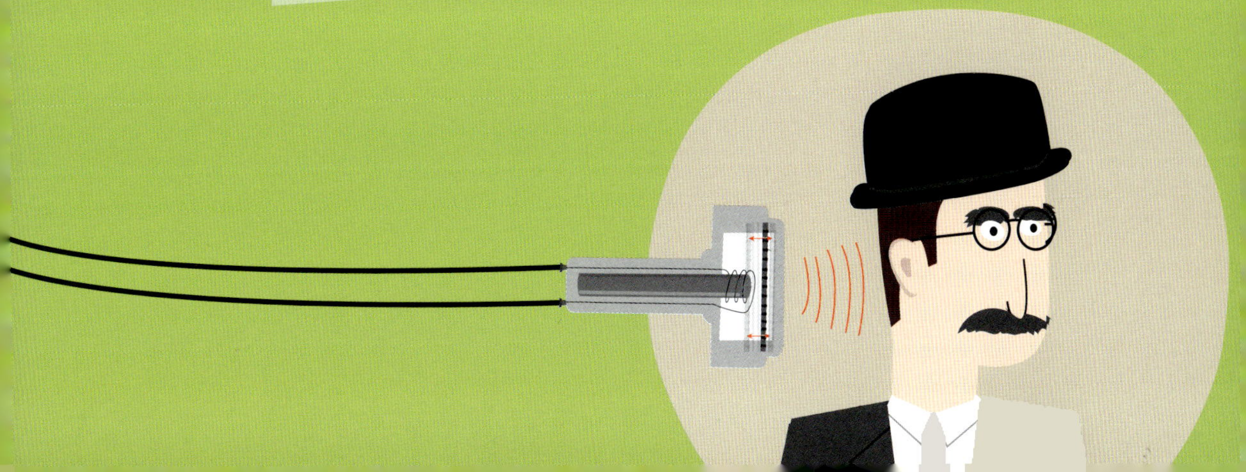

Glossaire

brevet Licence accordée à une invention par un gouvernement. Le but de la licence est de protéger l'idée d'un inventeur.

écriture cunéiforme La plus ancienne forme d'écriture connue, apparue en Irak, il y a plus de 6000 ans. On l'obtenait en appliquant des formes dans une tablette d'argile.

écriture hiéroglyphique Écriture en caractères imagés utilisée dans l'Égypte ancienne et d'autres civilisations.

émetteur radio Appareil servant à envoyer des ondes radio.

énergie Capacité pour un ou des objets, ou encore une substance, de fournir de la chaleur, de la lumière ou un mouvement.

FAI (fournisseur d'accès à Internet) Entreprise offrant accès à **Internet**.

ingénieur Personne recourant au savoir scientifique pour fabriquer ou concevoir quelque chose qui résout un problème d'ordre pratique.

Internet Réseau international d'ordinateurs.

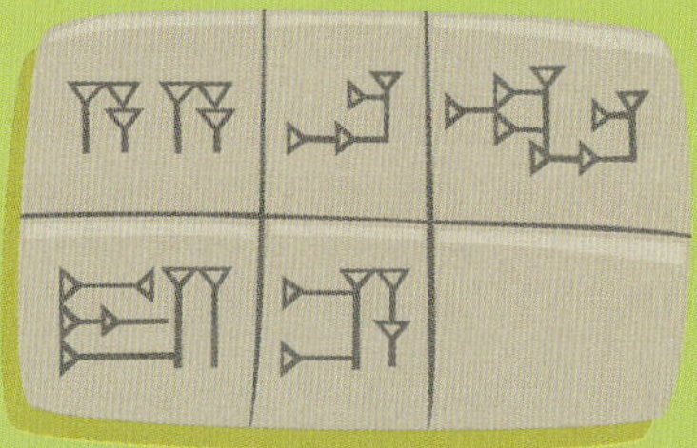

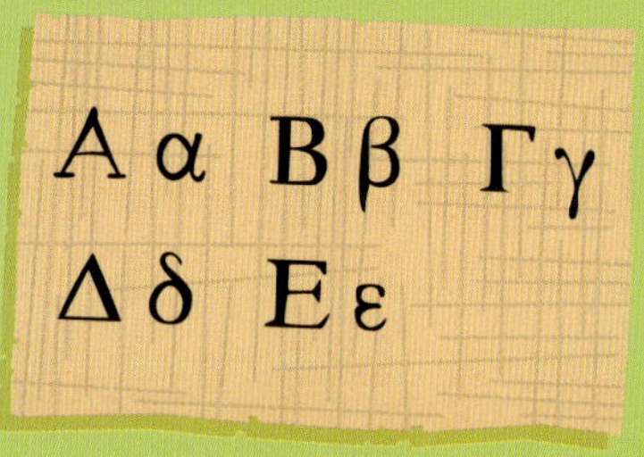

océan Atlantique Océan s'étendant entre l'Amérique, d'un côté, et l'Europe et l'Afrique, de l'autre.

onde électromagnétique Onde constituée d'énergie se déplaçant dans l'espace. Les ondes lumineuses, les ondes radio, les **rayons X** et les micro-ondes sont tous des types d'ondes électromagnétiques.

rayons X Type de rayon électromagnétique capable de se mouvoir à travers la chair.

routeur Appareil servant à envoyer d'énormes quantités de données à travers des réseaux d'ordinateurs, comme **Internet**.

satellite Objet évoluant autour de la Terre, dans l'espace.

système solaire Le Soleil et les huit planètes, dont la Terre, ainsi que les corps célestes plus petits tournant autour de lui.

télégraphe Ancienne méthode pour envoyer des messages codés à travers de longues distances grâce à l'électricité.

transducteur Appareil servant à convertir une forme d'énergie en une autre. Le microphone d'un téléphone est un transducteur qui transforme l'énergie du son en signaux électriques.

World Wide Web Littéralement, « toile d'araignée mondiale ». Système de règles et de logiciels nous permettant d'utiliser **Internet**.

L'écriture

... en 30 secondes

L'utilité de l'écriture réside dans le fait qu'elle consigne des idées – qu'elles soient des messages, des poèmes, des calculs, des faits ou des histoires. Écrire signifie que des idées s'inscriront dans le temps. L'écriture a été l'une de nos premières inventions, et elle était déjà implantée en 4000 avant J.-C., en Irak.

L'écriture a d'abord été un mélange de dessins simplifiés d'objets (parce qu'ils étaient faciles à comprendre) et de formes rudimentaires tels que des lignes et des points (parce qu'ils sont faciles à reproduire). Au début, chaque dessin représentait un mot. Mais cela obligeait les personnes à devoir se souvenir de centaines de dessins différents. En Chine, ce système est encore en vigueur de nos jours, mais dans la plupart des pays du monde, les gens se sont assez vite tournés vers l'écriture alphabétique, dans laquelle chaque lettre équivaut à un son différent.

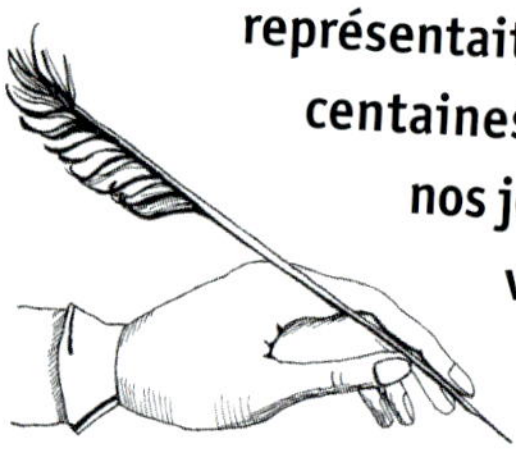

Au fil du temps, de nouvelles inventions ont changé notre façon d'écrire. Le papier a été inventé en Chine, il y a environ 2000 ans. Crayons et stylos à bille ont remplacé les bâtons de fusain et les plumes faites de véritables plumes d'oiseau. Aujourd'hui, la plupart du temps, nous n'écrivons plus avec des crayons, mais en tapant sur les boutons d'un clavier ou d'un écran.

Résumé en 3 secondes

L'invention de l'écriture a permis aux idées de pouvoir être consignées et conservées.

Mission en 3 minutes **Écris en hiéroglyphes**

Matériel : ordinateur, tablette ou téléphone intelligent • papier et crayons

Bon nombre des hiéroglyphes égyptiens sont des dessins. Ceux-ci représentent généralement des sons ; ainsi, l'image d'une chouette équivaut par exemple au son « m », et celle d'un lion au son « l ». Écris ton nom en hiéroglyphes en consultant un site Internet tel que www.jedessine.com qui t'aidera à déterminer quelles images représentent les lettres de ton nom.

Partout dans le monde, à différentes époques, des civilisations ont développé des systèmes d'écriture.

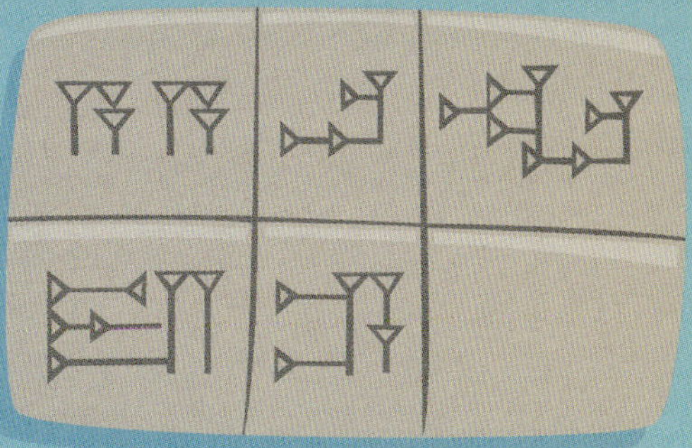

Écriture cunéiforme (Irak, 4 000 avant J.-C.) : la plus ancienne forme d'écriture.

Hiéroglyphes égyptiens (3 000 avant J.-C.) : chaque dessin représente un mot ou un son.

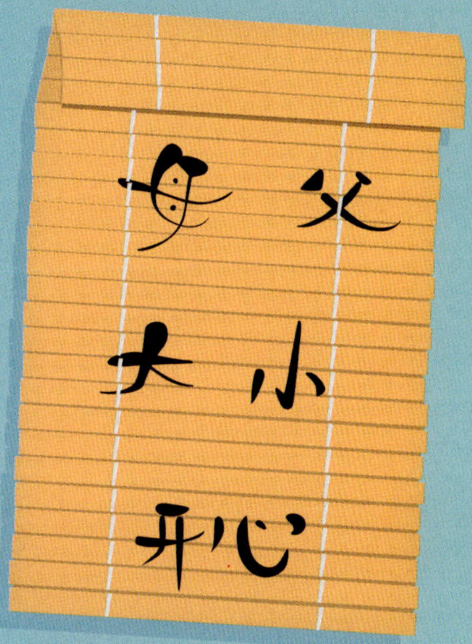

Écriture chinoise (1 100 avant J.-C.) : ses caractères sont habituellement écrits en colonnes.

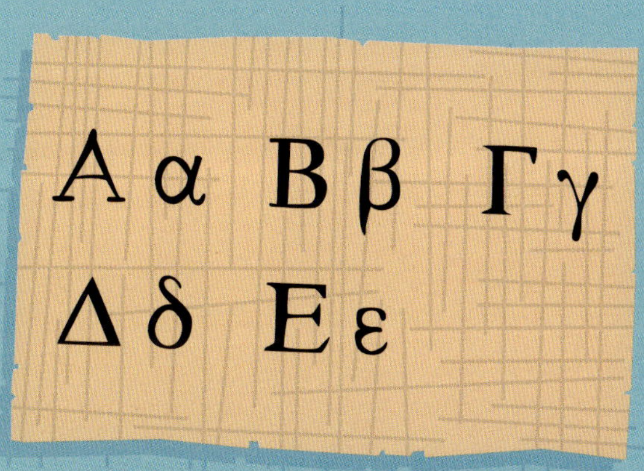

Grec ancien (800 avant J.-C.) : il est à l'origine de toutes les écritures modernes en Europe.

Écriture maya (Mexique, 300 avant J.-C.) : sans doute la plus complexe de toutes.

L'imprimerie

… en 30 secondes

Jusqu'au 15e siècle, en Occident, peu de gens savaient lire ou écrire, en partie parce que les textes à lire étaient peu nombreux. Il existait bien des livres écrits à la main (des manuscrits), mais ils étaient rares et coûteux.

En 200 après J.-C., le principe de l'imprimerie était connu, mais le procédé prenait presque autant de temps que l'écriture manuelle : une page entière de lettres et d'illustrations devait être gravée dans le bois avant d'être badigeonnée d'encre et pressée. Mais en 1439, une version améliorée de ce système a été inventée par l'Allemand Johannes Gutenberg. Au lieu de graver une page entière d'un seul bloc, Gutenberg a eu l'idée de graver une multitude de petites lettres. Il a disposé ces blocs de lettres sur un cadre de bois, constituant une page entière de texte à imprimer. Grâce à ce procédé rapide, les livres ont été beaucoup plus nombreux et leurs prix plus abordables.

L'imprimerie a changé le monde en rendant la connaissance accessible au plus grand nombre, et non plus seulement aux classes aisées. Inspirés par leurs lectures, les gens bien renseignés ont eu l'idée d'entreprendre de nouvelles choses. L'imprimerie a conduit à des percées scientifiques, des révolutions, des évolutions religieuses, de nouvelles œuvres littéraires, davantage de voyages et une meilleure éducation. Le monde ne fut jamais plus le même…

Résumé en 3 secondes

L'imprimerie a rendu le savoir accessible aux gens ordinaires et a changé le monde.

Les livres les plus imprimés

1. *La Bible* - plus de 5 milliards d'exemplaires
2. *Le Coran* et *Le Petit Livre rouge de Mao Ze-Dong* – plus de 800 millions d'exemplaires chacun
3. *Don Quichotte,* de Cervantes – plus de 500 millions d'exemplaires
4. *Le dictionnaire Xinhua (dictionnaire chinois)* – plus de 400 millions d'exemplaires
5. *Un conte de deux villes*, de Charles Dickens – plus de 200 millions d'exemplaires
6. *Le Seigneur des anneaux* de J. R. R. Tolkien – plus de 150 millions d'exemplaires

La presse à imprimer de Gutenberg a fait en sorte que les livres puissent être produits plus rapidement et à moindre coût, en permettant aux gens ordinaires de pouvoir lire et apprendre.

Quand les livres étaient encore écrits à la main, seuls les gens riches pouvaient se permettre de les acheter.

La presse de Gutenberg recourait à des lettres par blocs individuels qui pouvaient être vite et facilement réorganisés pour imprimer de nouvelles pages.

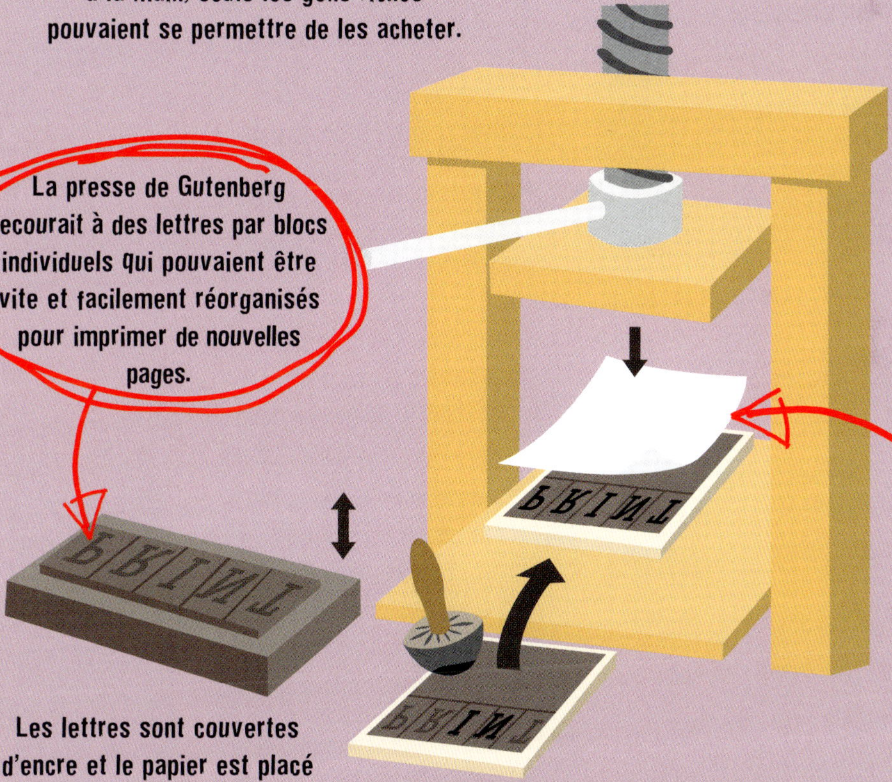

Quand la presse est abaissée, elle applique un poids sur le papier et les caractères s'y impriment.

Les lettres sont couvertes d'encre et le papier est placé au-dessus d'elles.

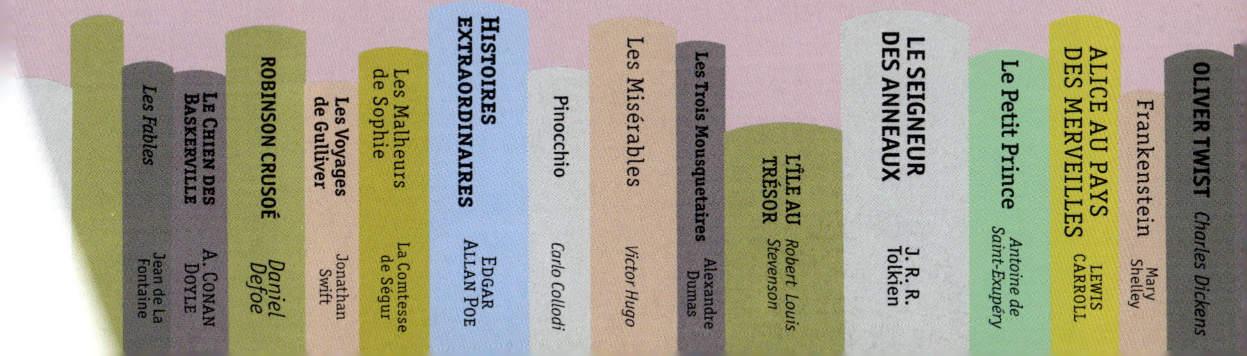

Le téléphone

... en 30 secondes

Dans l'histoire du téléphone, un nom fait autorité : Alexander Graham Bell. Toutefois, dans les faits, plusieurs inventeurs ont développé vers la même époque une idée similaire. Mais Bell fut le premier à déposer un brevet pour cette invention, en 1876, et c'est son nom que l'histoire a retenu.

Bell a eu l'idée du téléphone pendant qu'il cherchait à améliorer le télégraphe, l'un des premiers moyens de communication à utiliser l'électricité. Le télégraphe fonctionnait par l'envoi, le long d'un fil, d'impulsions électriques qui étaient décodées par le destinataire du message. Pour la première fois, des messages pouvaient être envoyés très rapidement et sur de très grandes distances. Cependant, le télégraphe ne pouvait faire voyager que des signaux, et non la voix humaine.

Bell a cherché le moyen de faire voyager la voix humaine par des fils en recourant à des transducteurs – des appareils capables de convertir une forme d'énergie en une autre. À un bout du téléphone, un transducteur appelé microphone transforme le son en électricité. Celle-ci se déplace ensuite le long d'un fil jusqu'à un autre transducteur, appelé haut-parleur, où elle est reconvertie en son. Pour la toute première fois, les gens pouvaient communiquer en direct, sans avoir à attendre pendant des jours la réponse de leur correspondant.

Résumé en 3 secondes

Le téléphone fait voyager la voix humaine par le biais de fils, sur de vastes distances.

Mission en 3 minutes
Fabrique un téléphone à corde

Matériel : 2 verres en plastique jetables • une corde de cerf-volant ou un fil de pêche long de 20 mètres • un adulte pour t'assister

Demande à un adulte de percer un trou au fond de chaque verre, bien au centre. Passe la corde par les trous et fais des nœuds à chacun des bouts. Demande à un ami de tenir le verre contre son oreille et éloigne-toi jusqu'à ce que la corde soit tendue. Parle dans ton verre et ton ami entendra ce que tu dis. Le téléphone à corde fonctionne parce que les ondes sonores se changent en vibrations dans la corde, plutôt qu'en impulsions électriques dans un fil.

Le téléphone transforme le son en électricité, ce qui permet aux gens de parler à des amis qui se trouvent à bonne distance.

La radio

… en 30 secondes

L'invention du téléphone avait été une très bonne chose, mais cet appareil ne pouvait fonctionner sans un élément essentiel : des fils. Le téléphone ne pouvait servir aux navires en mer et n'était d'aucune utilité pour relier les points les plus reculés du globe. Ce dont l'humanité avait réellement besoin, c'était de pouvoir acheminer des signaux sans recourir à des fils : des communications sans fil.

Dans les années 1860, les scientifiques ont commencé à étudier une nouvelle sorte d'ondes récemment découverte : les ondes radio. Comme les ondes sonores, les ondes radio voyagent dans l'air et à travers les objets, avec cet avantage de pouvoir aller encore plus loin que le son. Dans les années 1890, un jeune inventeur italien du nom de Guglielmo Marconi est parvenu à envoyer un signal radio à travers l'océan Atlantique, et l'ère de la radio a débuté. Des systèmes radio ont été construits partout dans le monde.

Les premières radios pouvaient seulement envoyer des signaux, les messages devaient alors être codés, mais on a pu assez rapidement envoyer aussi le son des voix et de la musique. Bientôt, l'industrie de la radio est devenue florissante, et sa popularité s'est accrue encore plus quand on a découvert comment convertir les ondes lumineuses en ondes radio, rendant ainsi possible la transmission d'images par ondes radio – ce que nous appelons aujourd'hui la télévision. De nos jours, la plupart des téléphones, dont les cellulaires, utilisent eux aussi les ondes radio. Nous vivons désormais dans un monde sans fil !

Résumé en 3 secondes

La radio a rendu possibles les communications entre des points éloignés sur la planète, et cela sans fil.

Mission en 3 minutes **Mesure une micro-onde**

Les ondes radio sont une sorte d'ondes électromagnétiques. La lumière est une autre sorte d'ondes, tout comme le sont les rayons X et les micro-ondes. Tous ces différents types d'onde ont chacun leur longueur d'onde (l'écart existant entre les pics des ondes).

Pour mesurer la longueur d'une micro-onde, chauffe une tablette de chocolat déballée dans un four à micro-ondes pendant 15 secondes, en enlevant au préalable le plateau de verre. En passant à travers la tablette, les micro-ondes font fondre le chocolat : la distance entre les points de la tablette qui ont fondu représente la moitié de la longueur d'une micro-onde.

Radio des années 1930

En 1907, des inventeurs ont rouvé le moyen de faire voyager la voix et la musique par le biais d'ondes radio.

La télévision a été mise en point dans le courant des années 1920 et envoyait des images grâce aux ondes radio.

Guglielmo Marconi

Depuis que Marconi a envoyé le premier signal radio en 1895, les ondes radio ont été employées pour plusieurs formes différentes de communication.

Tous les téléphones cellulaires utilisent les ondes radio.

Les signaux radio peuvent même voyager au-delà du système solaire.

La sonde Voyager 1 poursuit sa route à plus de 20 milliards de kilomètres de la Terre et est toujours en contact radio avec elle depuis 1977.

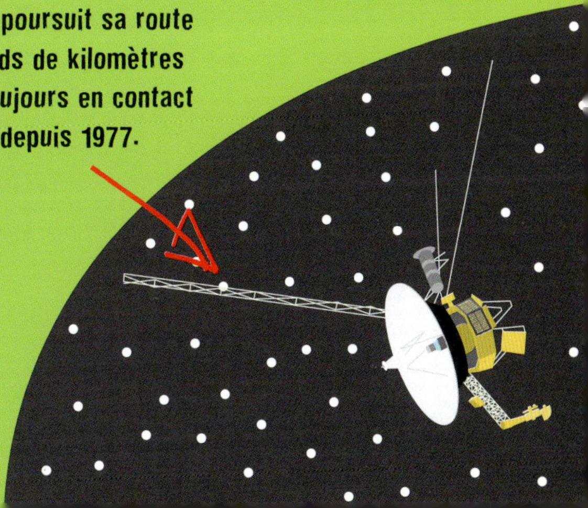

Internet

… en 30 secondes

La dernière et la plus grande invention en matière de communication a surpris tout le monde : personne n'attendait Internet. En 1969, des ingénieurs américains ont branché entre eux quatre ordinateurs éloignés les uns des autres grâce à des lignes téléphoniques, ce qui leur a permis d'échanger des messages. Ce réseau, nommé « ARPANET », a été la version primitive de ce qui est aujourd'hui Internet.

Le grand défi des ingénieurs était de permettre aux ordinateurs de communiquer en même temps sans que leurs messages s'emmêlent. La solution consistait à réduire les conversations des ordinateurs en milliers de morceaux appelés « paquets ». Tant que ces paquets connaissent leur position dans un message, ils peuvent être envoyés individuellement par différentes lignes téléphoniques puis, une fois arrivés à destination, se réorganiser.

Aujourd'hui, Internet est un réseau mondial composé de dizaines de millions d'ordinateurs, tous reliés les uns aux autres par des fils téléphoniques et des satellites. Grâce à Internet, nous pouvons maintenant converser avec des gens partout sur Terre, tout en les voyant en même temps. L'information peut se propager d'un continent à l'autre à la vitesse de la lumière. Nous pouvons acheter et vendre des produits n'importe où, n'importe quand, en quelques secondes. Et ce n'est qu'un début…

Résumé en 3 secondes

Internet est un vaste réseau mondial d'ordinateurs qui nous permet de communiquer.

Le World Wide Web (La « grande toile d'araignée »)

Internet fournit les liens vitaux entre les ordinateurs à travers le monde entier, mais c'est une autre invention qui nous permet d'utiliser ces liens pour voir et visiter les pages du web : le World Wide Web (www), une sorte de programme informatique global. Si Internet n'a pas été inventé par une seule personne en particulier, le World Wide Web, lui, a été inventé par Tim Berners Lee en 1989.

Grâce à Internet, nous pouvons envoyer des messages partout sur Terre à des gens qui les reçoivent instantanément.

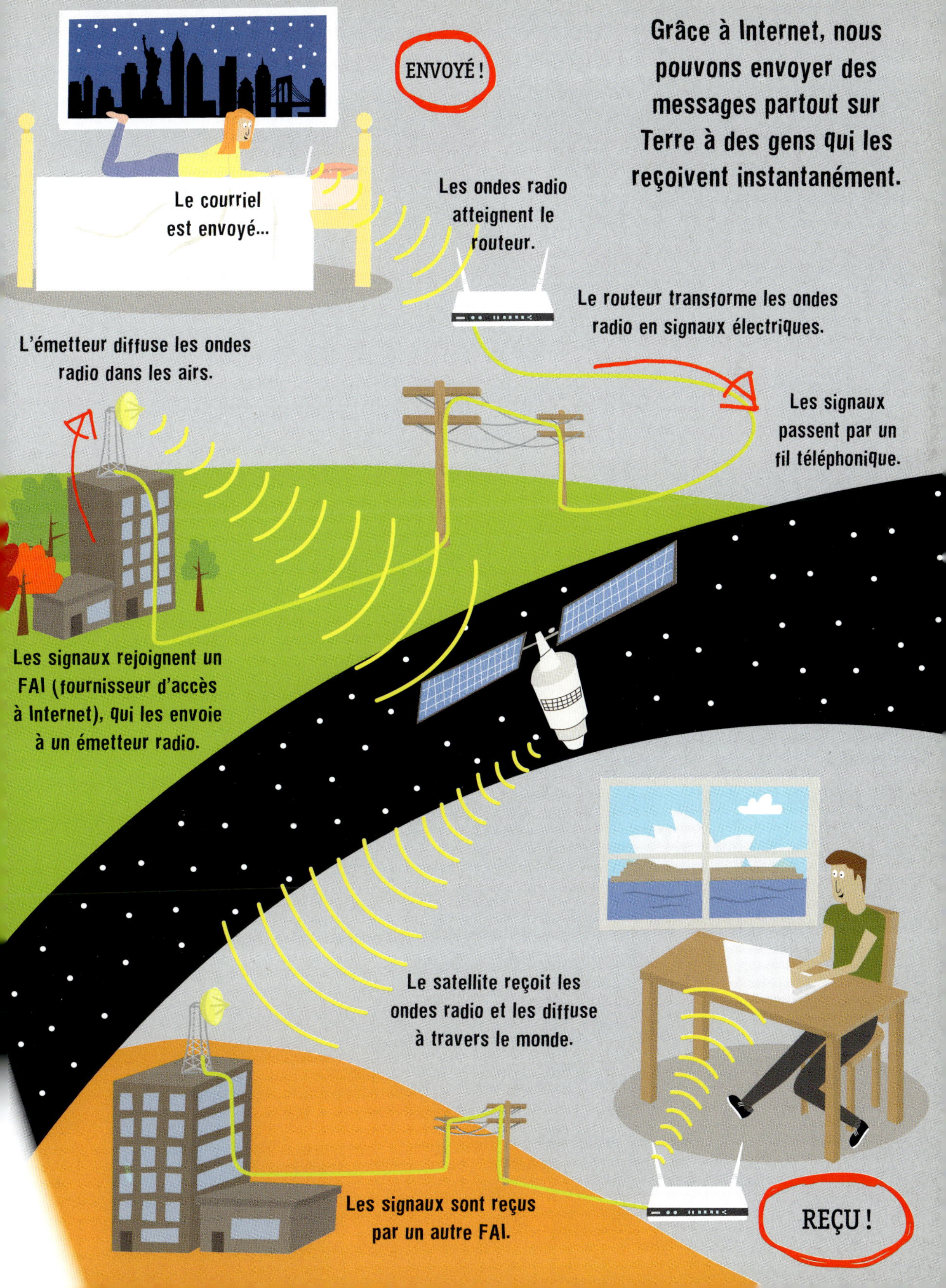

USA

Les voyages

Les raisons pour voyager ne manquent pas : il y a plusieurs siècles, les gens se déplaçaient souvent, que ce soit pour chercher de la nourriture, fuir leurs ennemis, bâtir des empires – ou simplement répondre au désir tout naturel de découvrir de nouveaux territoires. Aujourd'hui, nous voyageons pour travailler, apprendre, ou tout bonnement pour le plaisir. De l'invention de la roue au plus perfectionné des vaisseaux spatiaux, de nouvelles manières de voyager nous ont permis d'explorer la Terre et les confins de l'Univers.

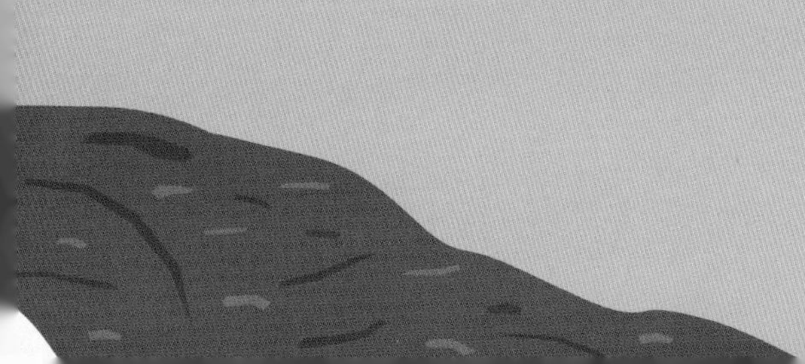

Les voyages
Glossaire

Âge d'or de la voile Période s'étendant du 16e au 19e siècle pendant laquelle les gens traversaient les mers sur de grands navires à voile pour le commerce ou pour livrer bataille.

caraque Type de navire à voile, bien adapté aux longs voyages en mer, développé à la fin du 15e siècle.

champ magnétique Espace entourant un aimant et vers lequel sont attirés des objets.

chaudière Chauffe-eau, souvent muni de tuyaux et d'une pompe pour envoyer l'eau là où on en a besoin.

colonisation Établissement d'une population sur le territoire d'une autre.

combustion Action de brûler quelque chose.

énergie Capacité pour un ou des objets, ou encore une substance, de fournir de la chaleur, de la lumière ou un mouvement.

ère spatiale Période débutant en 1957, année à partir de laquelle des pays ont commencé l'exploration de l'espace.

essieu Tige qui relie les roues à un véhicule.

GPS (Global Positioning System) Système de navigation par satellite permettant à quiconque équipé d'un appareil GPS de connaître sa localisation exacte.

gravité Force qui nous retient au sol, fait tomber les objets et garde la Lune en orbite autour de la Terre, et la Terre en orbite autour du Soleil.

hélice Machine munie de lames rotatives qui propulse (pousse vers l'avant) un véhicule tel qu'un avion ou un navire.

ingénieur Personne recourant au savoir scientifique pour fabriquer ou concevoir quelque chose qui résout un problème d'ordre pratique.

moteur à combustion interne Moteur permettant la propulsion des automobiles par la combustion de gaz.

moteur à réaction Moteur utilisé sur les avions, qui tire l'air à l'avant de l'appareil et le repousse derrière lui à haute vitesse.

océan Atlantique Océan s'étendant entre l'Amérique, d'un côté, et l'Europe et l'Afrique, de l'autre.

oxygène Gaz présent dans l'atmosphère et dont nous avons besoin pour respirer et pour brûler des objets.

pneumatique Rempli d'air.

pôles Les deux extrémités d'une chose, celles de la Terre ou d'un aimant, par exemple.

portatif Qui peut être porté ou déplacé facilement.

rouage Roue dentée destinée à entraîner d'autres roues dentées dans son mouvement.

satellite Objet évoluant autour de la Terre, dans l'espace.

Slovénie Pays de l'Europe centrale.

supersonique Plus rapide que la vitesse du son (environ 1 234 kilomètres à l'heure).

vilebrequin Longue tige de métal qui relie le moteur d'un véhicule à ses roues et les fait tourner.

voiture sans chevaux L'un des premiers noms donnés à l'automobile.

La roue

... en 30 secondes

Les roues sont tellement présentes autour de nous qu'il est impossible d'imaginer notre monde sans elles... Nous ignorons où et quand elle a été inventée, mais la roue la plus ancienne qui existe a été retrouvée dans un marécage de Slovénie en 2002, avec son essieu. Elle reposait à cet endroit depuis plus de 7 000 ans !

Comment en est-on venu à concevoir la roue ? Il est dur de déplacer un objet trop lourd pour être soulevé. Tu peux essayer de le pousser ou de le tirer, mais le faire glisser sur des rouleaux est une méthode moins pénible. Des troncs d'arbre bien droits et lisses convenaient à merveille pour cet usage.

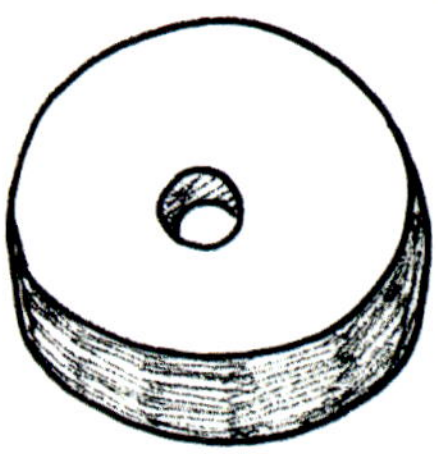

Peu à peu, au fil du temps, ces rondins roulants ont été perfectionnés. D'abord, ils ont été taillés de manière à former une mince tige (un essieu) munie d'une roue à chaque extrémité. Ces rouleaux présentaient l'avantage de pouvoir être fixés à des plateformes capables de soulever de très lourds objets. Plus tard, roues et essieux ont été fabriqués séparément, ce qui s'avérait plus commode, puis fixés ensemble.

Une fois la roue inventée, les gens ont été capables de voyager plus loin et plus vite qu'auparavant.

Résumé en 3 secondes

L'invention de la roue a permis aux gens de déplacer de lourds objets et de pouvoir circuler plus facilement.

Rouages et engrenages

Aux environs de 350 avant J.-C., en Grèce, une nouvelle sorte de roue a été inventée. Appelée rouage ou engrenage, cette roue comportait des dents qui s'emboîtaient dans les dents d'une autre roue et la faisait tourner. Ce n'est pas tout : si la deuxième roue était plus petite que la première, avec moitié moins de dents, elle pouvait tourner deux fois plus vite. Cela permettait de construire des machines dont les roues pouvaient tourner à des vitesses différentes, comme par exemple une horloge, avec ses aiguilles des heures et des minutes.

Au fur et à mesure du perfectionnement de la roue, il est devenu plus facile de voyager et de déplacer des charges.

La boussole

... en 30 secondes

Il y a des milliers d'années, les gens n'avaient aucune idée de l'endroit où ils se trouvaient sur la planète. En fait, ils ne savaient même pas qu'ils vivaient sur une planète ! Pour garder le cap sur leur destination, les voyageurs se servaient comme repère du Soleil – qui se lève à l'est et se couche à l'ouest.

Puis, il y a 2 000 ans, un Chinois dont l'histoire n'a pas retenu le nom a inventé un appareil étonnant : la boussole. Constituée d'une simple pièce de métal en forme de cuillère fixée à un disque, elle indiquait toujours le nord. Comment fonctionnait-elle ? Une boussole est un aimant, et si celui-ci est libre de bouger, il tournera de telle façon que son extrémité magnétisée pointera un aimant proche. Le hasard veut que notre planète contienne un aimant sous sa surface. Fort commodément, les extrémités de cet aimant sont situées aux environs des pôles Nord et Sud de la Terre. Avec pour conséquence que l'aiguille d'une boussole indiquera toujours le nord.

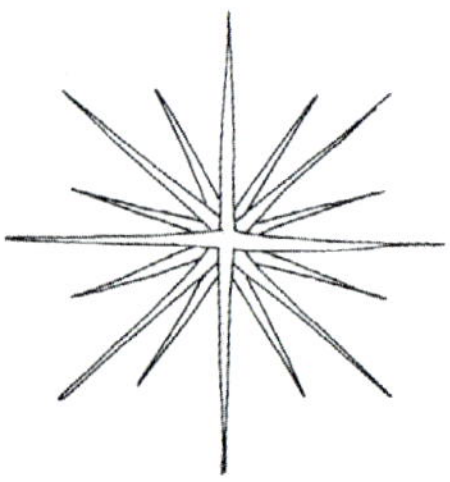

Au fil du temps, la boussole en forme de cuillère a été remplacée par une aiguille magnétique flottant dans l'eau, puis par une aiguille fixée sur un clou. La boussole était un objet facile à porter sur soi, et elle a permis aux gens d'explorer et de cartographier la Terre bien plus aisément qu'auparavant.

Résumé en 3 secondes

La boussole est un aimant qui indique la direction où l'on va en pointant les pôles de la Terre.

Mission en 3 minutes
Fabrique une boussole

Matériel : une aiguille • une barre aimantée • une petite assiette • un couvercle plus petit

Frotte une aiguille 50 fois sur l'extrémité d'un aimant, toujours dans le même sens. Remplis à moitié l'assiette d'eau et laisse flotter le couvercle dessus. Mets l'aiguille sur le couvercle. Le couvercle et l'aiguille tourneront lentement pour pointer le nord.

L'aiguille d'une boussole se sert du magnétisme de la Terre pour indiquer toujours le nord. Pendant des siècles, les voyageurs l'ont utilisée pour trouver leur chemin.

Les premières boussoles ont été fabriquées en Chine et étaient utilisées pour dire la bonne aventure, et non pour naviguer.

Pôle Nord géographique / pôle Nord magnétique

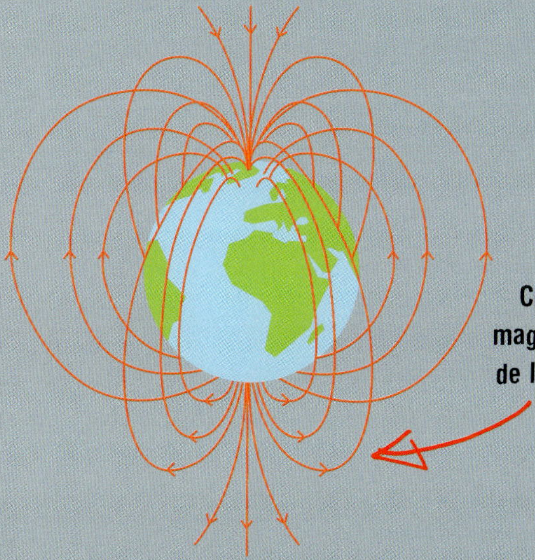

Champ magnétique de la Terre

Pôle Sud géographique / pôle Sud magnétique

Au 14e siècle, des boussoles portatives ont permis aux explorateurs de se lancer à la découverte du monde.

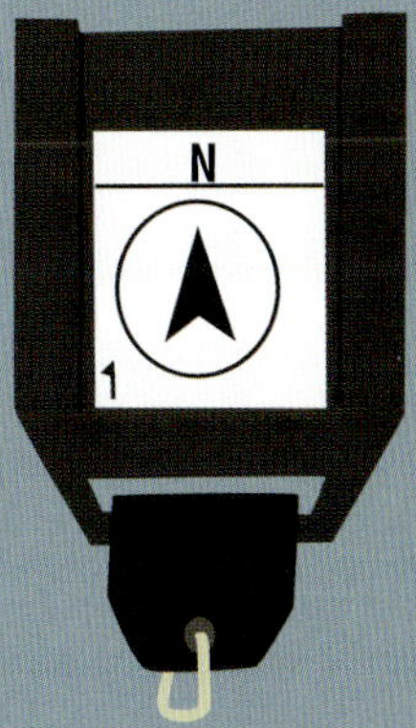

La boussole moderne désigne le nord en recourant aux satellites du GPS (Global Positioning System).

Le bateau à voile

... en 30 secondes

Aux yeux des êtres humains d'autrefois, la mer représentait un endroit dangereux, mais une source précieuse de nourriture. En flottant sur des bateaux rudimentaires, ils pouvaient pêcher beaucoup de poissons et aussi naviguer le long des côtes en vue de les explorer. Toutefois, pour traverser les mers jusqu'à d'autres terres, un bâtiment plus sûr, plus gros et plus rapide était nécessaire : un bateau à voile propulsé par le vent.

Les premiers bateaux à voile ont été construits il y a des milliers d'années en Égypte, mais l'âge d'or de la voile a vraiment commencé avec la caraque, développée aux 15e et 16e siècles dans plusieurs pays de l'Europe de l'Ouest. La caraque permettait de naviguer tellement mieux que tout autre bateau qu'on la vit bientôt sillonner toutes les mers et tous les océans de la Terre. C'est à bord d'une caraque baptisée *Santa Maria* que le légendaire Christophe Colomb explora le monde, dans les années 1490.

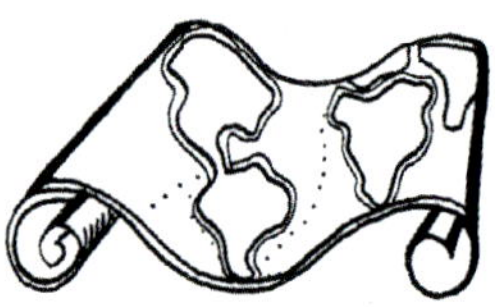

L'exploration n'était que le début : selon ce que les marins trouvaient sur les côtes qu'ils atteignaient, la navigation menait à la colonisation, au commerce, à la conquête ou à la guerre. Mais peu importe comment, les pays du monde étaient désormais en contact.

Résumé en 3 secondes

Les bateaux à voile ont rendu possible la navigation entre des pays éloignés.

La conception de la caraque

La forme de la caraque répondait au besoin d'un navire plus robuste, capable de traverser les océans. Dans l'Europe de l'Ouest du 15e siècle, l'exploration et le commerce connaissaient une formidable expansion, et les caraques étaient utilisées pour découvrir le monde. Elles possédaient non pas deux, mais trois ou quatre mâts, et un nouveau type de gréement permettait aux navigateurs d'affronter des vents très puissants. Les caraques étaient également assez massives pour demeurer stables sur les mers démontées et offraient tout l'espace nécessaire pour les provisions ; tous ces avantages en faisaient des bateaux tout désignés pour de longs périples.

L'invention du bateau à voile a permis aux explorateurs de traverser des océans et d'atteindre d'autres pays, et même de nouveaux continents.

Les anciens Égyptiens ont construit les premiers grands bateaux munis de voiles.

Rapides, spacieuses et stables, les caraques ont lancé l'âge d'or du bateau à voile au 16ᵉ siècle.

L'illustre découvreur italien Christophe Colomb a traversé l'océan Atlantique en caraque huit fois entre 1492 et 1503.

Le train à vapeur

... en 30 secondes

Le monde dans lequel nous vivons aujourd'hui est bien différent de celui du 17e siècle, en particulier grâce à une invention : le moteur à vapeur. Ce moteur fonctionnait en capturant l'énergie obtenue par la combustion d'un carburant – habituellement le charbon – et en la transformant en mouvement.

Les premiers moteurs à vapeur étaient très lourds et peu puissants, mais dans les années 1770, plusieurs ingénieurs anglais et américains ont commencé à construire des moteurs assez légers pour propulser des véhicules. En 1804, une locomotive à vapeur expérimentale conçue par Richard Trevithick est parvenue à rouler lentement sur un court tronçon de rails en acier. En 1829, George Stephenson a mis au point une locomotive vraiment performante, la Rocket. Cet ingénieur a aussi posé la première voie ferrée digne de ce nom, entre Stockton et Darlington, en Angleterre.

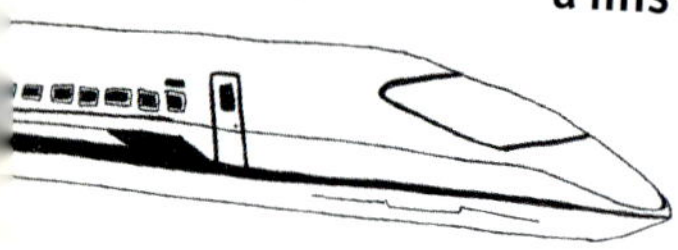

Dans les années qui suivirent, on a observé une multiplication effrénée des voies ferrées, d'abord en Angleterre, puis partout dans le monde. Désormais, les manufactures et les fermes pouvaient vendre leurs produits à des acheteurs situés à bonne distance, et les gens pouvaient voyager vite et loin, pour le travail autant que pour le plaisir. Bien que l'époque des trains à vapeur soit révolue, les trains, aujourd'hui propulsés par l'électricité et le gaz diesel, sont toujours aussi essentiels au voyage et au commerce.

Résumé en 3 secondes

Les trains à vapeur utilisent l'énergie du moteur à vapeur pour permettre aux gens de voyager sur de grandes distances.

Propulsés par la vapeur

1769 Apparition des premières voitures à vapeur, sans réelle suite.

1893 George Moore construit un robot fonctionnant à la vapeur et se promène avec lui dans les rues de New York.

1897 Le premier de nombreux navires équipés de turbines à vapeur est construit.

1933 Vol du premier – et, à ce jour, unique – avion à vapeur.

2001 Mise au point d'un nouveau type de propulseur de fusée utilisant l'énergie du charbon pour envoyer de petits satellites dans l'espace.

Les trains à vapeur prennent à leur bord gens et marchandises, et les mènent des manufactures, fermes et villages jusqu'à la ville.

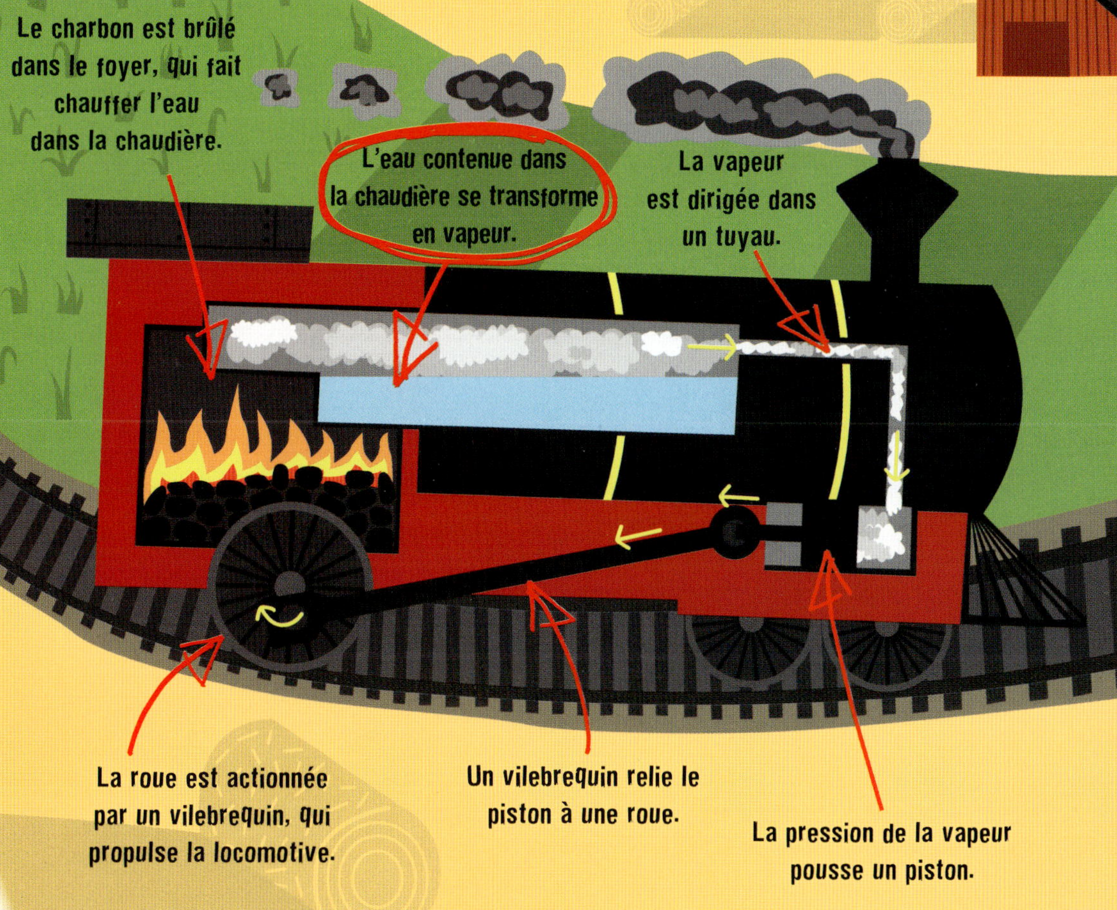

L'automobile

... en 30 secondes

Les trains à vapeur étaient très populaires, mais ils ne menaient pas toujours les gens exactement là où ils voulaient aller. On attendait impatiemment une invention qui remplacerait les charrettes et les diligences tirées par des chevaux : autrement dit, une « voiture sans chevaux », l'automobile.

Le défi résidait dans la propulsion de ces véhicules. Les moteurs à vapeur ne convenaient pas à cette tâche – même le plus petit de ceux-ci était encore trop gros, et ils prenaient beaucoup de temps à se mettre en marche. Heureusement, deux Français, Claude et Nicéphore Niépce, avaient déjà effectué une percée en 1807 avec l'invention du moteur à combustion interne. Plutôt que le phénomène de combustion ait lieu à l'extérieur de la chaudière, comme dans le cas d'un moteur à vapeur, ce nouveau concept permettait une combustion à l'intérieur d'un moteur. Au terme de décennies d'améliorations apportées par plusieurs inventeurs, ce moteur équipa la première voiture à connaître du succès, la Benz, en 1879.

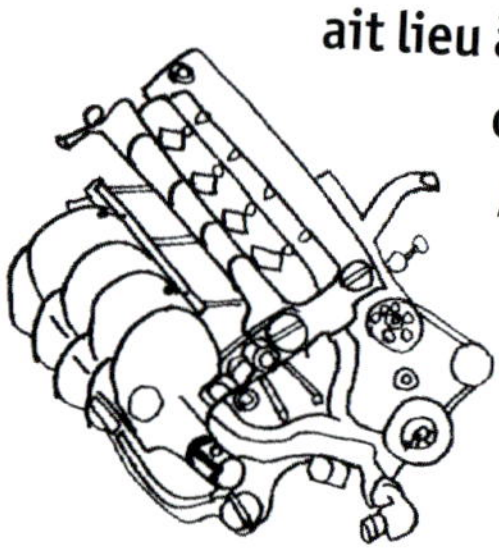

Dans les premiers temps, les automobiles n'étaient pas à la portée de toutes les bourses. Depuis, elles sont devenues plus rapides, mieux conçues et meilleur marché. Et maintenant, un nouveau genre de voiture commence à être produit en grand nombre : place à l'auto électrique !

Résumé en 3 secondes

Au contraire d'un train, l'automobile peut déplacer les gens exactement où et quand ils le veulent.

Quelques records de l'industrie automobile

La plus longue voiture : la limousine Cadillac avec 30,5 mètres de longueur et 26 roues. Mises bout à bout, trois de ces voitures sont aussi longues qu'un terrain de football.

La voiture la plus rapide fabriquée en série : la Bugatti Veyron Super Sport peut atteindre la vitesse de 431 km/h, plus de trois fois la plus haute vitesse autorisée sur une autoroute.

La voiture expérimentale la plus rapide jamais construite : la ThrustSSC (1997) détient le record de la vitesse sur terre, à 1 228 km/h – supérieure à la vitesse du son.

Le moteur à combustion interne était la solution à la propulsion de l'automobile.

Dans un moteur à combustion interne, le gaz explose à l'intérieur de l'un des multiples cylindres, actionnant un piston qui met les roues en marche.

1. ASPIRATION

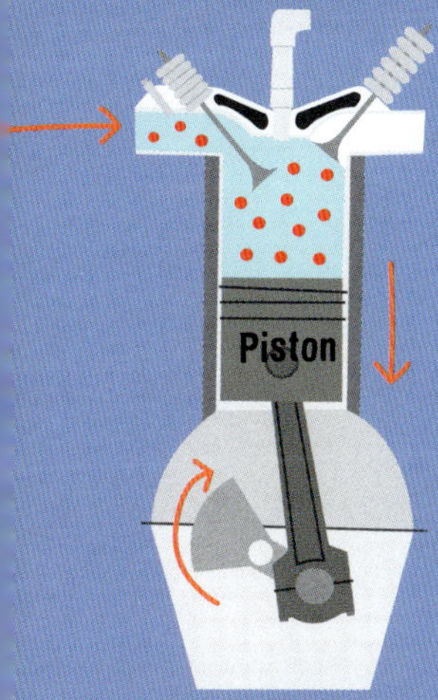

L'air et le gaz sont aspirés dans le cylindre quand le piston s'abaisse.

2. COMPRESSION

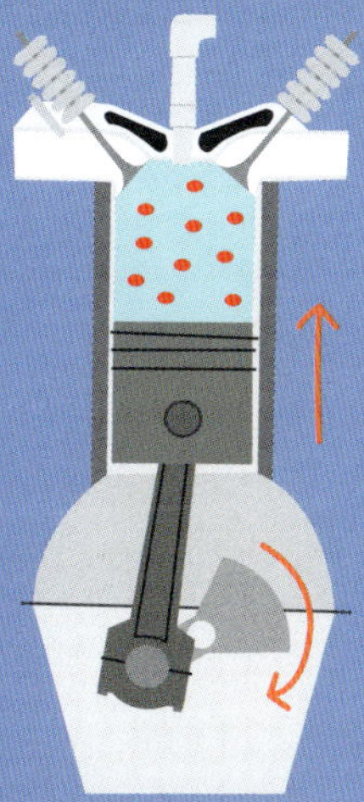

Quand le piston remonte, l'air et le gaz sont compressés.

3. PROPULSION

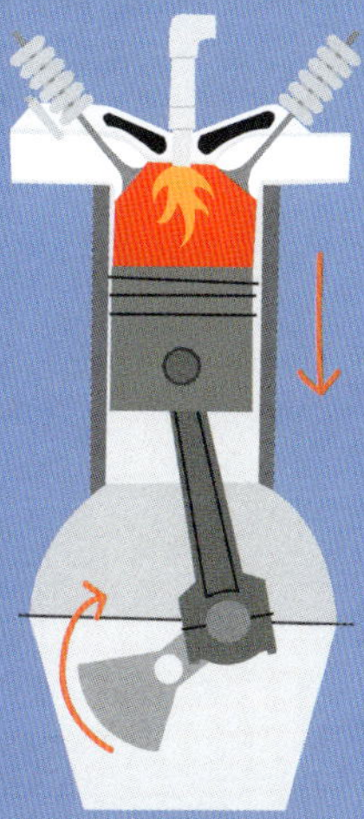

Une étincelle fait exploser le gaz, forçant le piston à s'abaisser.

4. EXPULSION DES GAZ

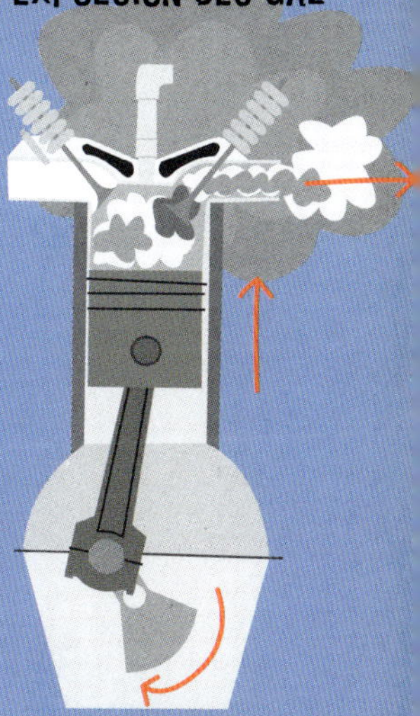

En remontant, le piston expulse la fumée (gaz d'échappement) résultant de l'explosion.

Les autos hybrides d'aujourd'hui possèdent à la fois un moteur électrique et un moteur à combustion interne.

La Moterwagen de Benz (1885)

La Ford Model T (1908)

Voiture hybride moderne

L'avion

... en 30 secondes

Voler est l'un des plus vieux rêves des êtres humains, mais pendant des siècles, bien loin de s'élever, ils se sont plutôt écrasés... Les inventeurs avaient la mauvaise idée de vouloir s'inspirer du vol des oiseaux. Or, les muscles de l'homme ne sont pas assez puissants pour actionner des ailes semblables à celles des oiseaux, et fabriquer une machine imitant la mécanique de leur vol est extrêmement difficile.

Les premiers à s'élever dans les airs se sont servis de ballons à air chaud et de simples planeurs, mais la plupart de ces engins volants obéissaient plus ou moins aux commandes de leurs pilotes... Le monde avait plutôt besoin d'une machine volante propulsée. En 1903, Orville Wright a réussi le premier vol propulsé de l'histoire avec l'aide de son frère Wilbur. Le vol a été court, mais décisif : la voie des airs était conquise. Quelques décennies ont suffi pour que les avions envahissent le ciel.

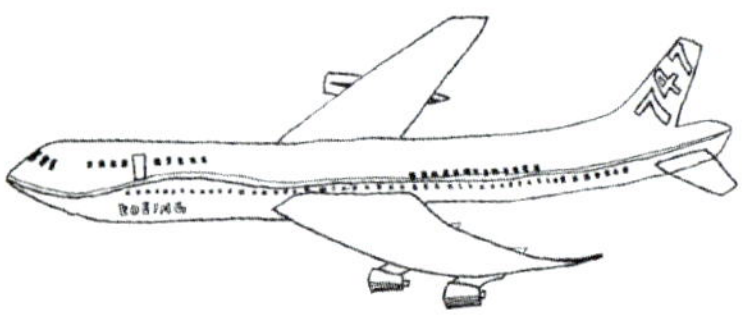

Tous les premiers avions fonctionnaient avec des hélices, ce qui limitait leur vitesse. Mais dès 1930, un ingénieur du nom de Fred Whipple a mis au point le moteur à réaction. En 1947, un avion à réaction dépassa pour la première fois la vitesse du son – d'où le nom « supersonique ». Tous les gros avions de notre époque sont propulsés par des moteurs à réaction.

Résumé en 3 secondes

Les avions peuvent mener les gens au-dessus de tous les pays, de toutes les mers, à très haute vitesse.

Mission en 3 minutes Fait pour aller vite

La forme des ailes d'un avion influe sur sa vitesse. En utilisant deux feuilles de papier identiques, fabrique deux avions de papier, l'un large et l'autre étroit (réalise le premier à partir de la largeur de la feuille, et le second à partir de la longueur). Lance-les et vois lequel atteint la plus grande vitesse. Essaie de fabriquer des avions encore plus étroits. Y a-t-il une limite à la vitesse à laquelle tu peux les faire voler ?

Au fil des siècles, les machines volantes se sont élevées de plus en plus haut et de plus en plus vite.

Les frères Montgolfier (France, 1783) : premier ballon à air chaud.

Wright Flyer 1 (États-Unis, 1903) : première machine volante propulsée.

Les hélices poussent l'avion vers l'avant.

Les ailes inclinées poussent l'air vers le bas et les ailes vers le haut, faisant s'élever l'avion.

Heinkel He 178 (Allemagne, 1938) : premier avion à réaction.

Un jet de gaz brûlant aspire l'air à l'avant de l'appareil pour le tirer ensuite vers l'arrière, propulsant l'avion vers l'avant.

Bell X-1 (États-Unis, 1947) : premier avion supersonique.

Un moteur puissant et une forme aérodynamique permettent à l'avion de fendre facilement l'air.

Le vaisseau spatial

... en 30 secondes

L'être humain a toujours éprouvé le besoin d'explorer le monde qui l'entoure, et après avoir visité chaque recoin de la Terre, il a voulu partir à la découverte de l'espace. Mais comment s'y rendre ? Les avions ne peuvent l'y emmener : pour voler, ceux-ci ont besoin d'air et il n'y a pas d'air dans l'espace. La seule façon de s'y rendre, c'est en fusée.

En 1926, un ingénieur américain nommé Robert Goddard a mis au point une fusée qui fonctionnait par la combustion de gaz liquide en utilisant sa propre réserve d'oxygène. L'invention de Goddard marquait le début de l'ère spatiale. Depuis lors, les fusées – et les vaisseaux spatiaux qu'elles lancent dans l'espace – n'ont jamais cessé d'être perfectionnées.

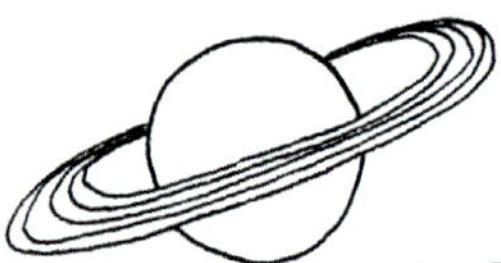

Le premier vaisseau spatial habité était soviétique (le Vostok 1), il entraîna le Russe Youri Gagarine en orbite autour de la Terre en 1961. Huit ans plus tard, Apollo 11, un vaisseau spatial propulsé par une énorme fusée et à bord duquel prenaient place trois hommes a atterri sur la Lune. Depuis ce jour, d'autres vaisseaux (non habités) ont exploré plusieurs planètes et lunes du système solaire et certains ont transporté des équipages jusqu'à des stations spatiales... et même des touristes, pour des vacances en orbite ! Même si différentes méthodes ont été utilisées pour faire évoluer des vaisseaux spatiaux dans l'espace, les fusées demeurent cependant la seule manière de les y propulser.

Résumé en 3 secondes

Des vaisseaux spatiaux ont permis à des gens d'atterrir sur la Lune et ils pourraient un jour nous mener partout dans l'Univers.

Un moment historique

Le 17 juillet 1969, Neil Armstrong, l'un des trois membres d'équipage de la Mission Apollo 11, a posé le pied sur la Lune, une première dans l'histoire de l'humanité. La scène a été retransmise en direct à des centaines de millions de téléspectateurs dans le monde entier, même si elle se déroulait tard dans la nuit pour bien des gens. C'est lors de ce moment historique qu'Armstrong a dit ces mots restés célèbres : « Un petit pas pour l'homme, un pas de géant pour l'humanité. »

La gigantesque fusée Saturne V a conduit des hommes vers la Lune dans les années 1960 et 1970. Elle transportait chaque fois des vaisseaux spatiaux appelés modules.

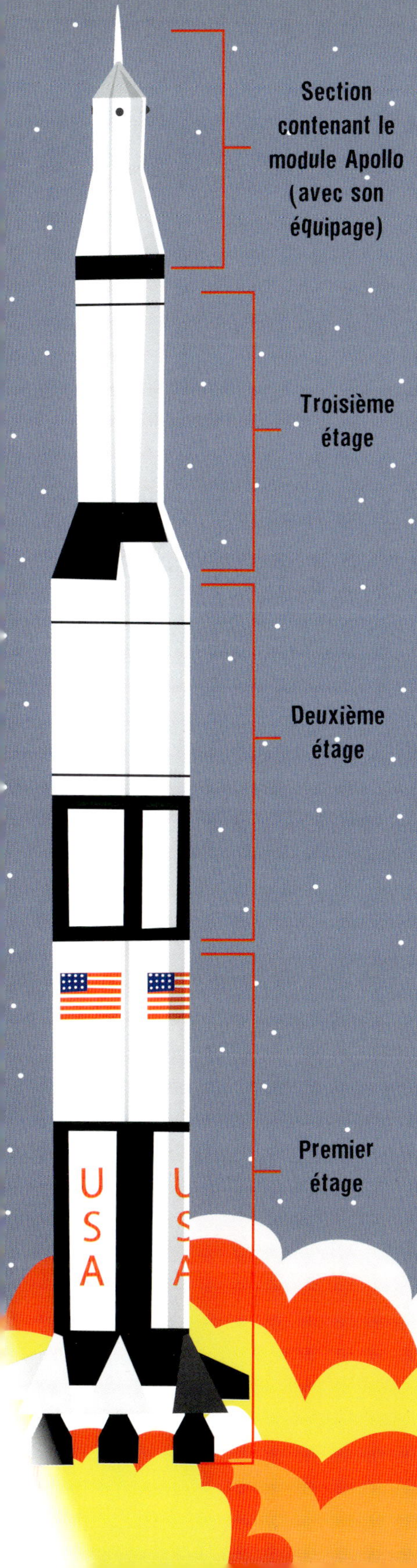

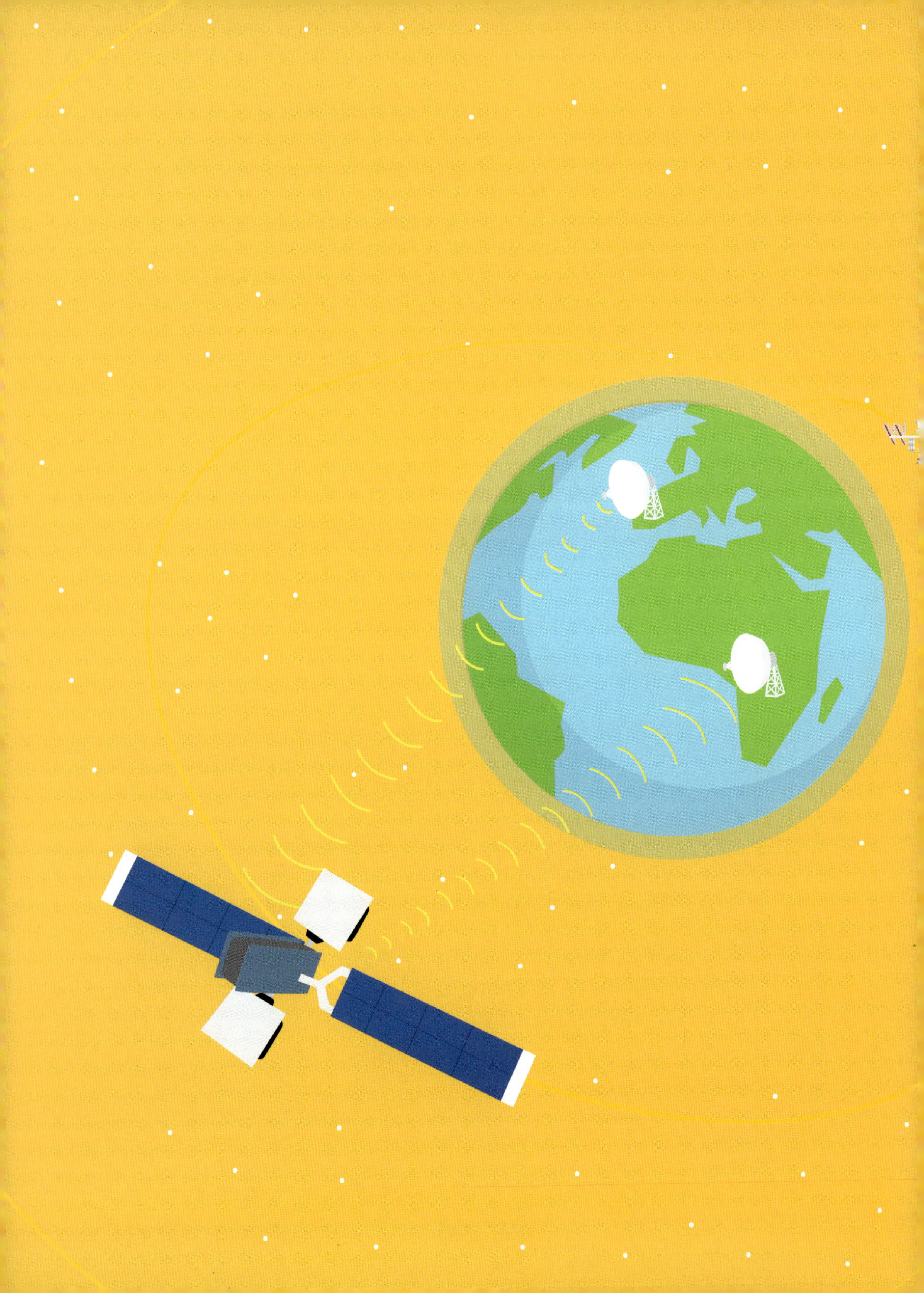

La recherche

Depuis des milliers d'années, l'être humain cherche à comprendre le monde qui l'entoure, et plusieurs inventions l'ont aidé dans sa quête de la connaissance. Aujourd'hui, nous pouvons examiner la composition des êtres vivants par le biais de microscopes, observer notre propre planète grâce à des satellites en orbite, contempler des étoiles situées à des milliards de kilomètres de distance… et compter sur de puissants ordinateurs pour trouver un sens à l'existence.

La recherche
Glossaire

atome Objet minuscule constitué d'une quantité de particules encore plus petites, dont les neutrons et les électrons. Les atomes se lient pour composer toutes les choses visibles autour de nous.

GPS (*Global Positioning System*) Système de navigation par satellite permettant à quiconque équipé d'un appareil GPS de connaître sa localisation exacte.

gravité Force qui nous retient au sol, fait tomber les objets et garde la Lune en orbite autour de la Terre, et la Terre en orbite autour du Soleil.

Internet Réseau international d'ordinateurs.

lentille Morceau de verre ou de plastique façonné de manière à courber la lumière.

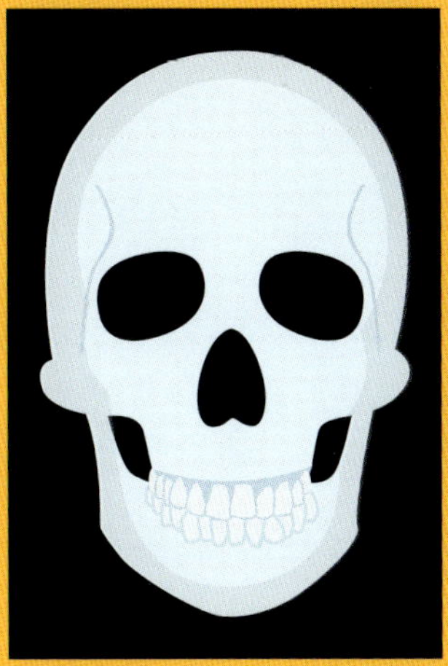

ordinateur Appareil auquel on donne des instructions afin qu'il effectue de multiples calculs.

pôles Les deux extrémités d'une chose, celles de la Terre ou d'un aimant, par exemple.

rayons X Type de radiations électromagnétiques capables de se mouvoir à travers la chair.

réfraction Le fait de courber ou de dévier la lumière ou d'autres ondes.

rouage Roue dentée destinée à entraîner d'autres roues dentées dans son mouvement.

satellite Corps évoluant en orbite autour d'un astre plus massif, dans l'espace.

trillion Un milliard de milliards.

Univers Tout ce qui existe.

voyelle En français, les lettres a, e, i, o, u, y. Presque tous les mots de notre langue en contiennent au moins une.

Le télescope

... en 30 secondes

Nous savons beaucoup de choses sur l'Univers, dont son origine, ses dimensions et la localisation de notre Terre dans cette immensité. L'appareil qui nous a permis toutes ces découvertes est le télescope, un instrument qui fait apparaître les objets plus proches et plus brillants.

Le télescope a été inventé par un fabriquant de lunettes allemand, Hans Lippershey, en 1608. L'année suivante, le scientifique italien Galilée mit au point une version améliorée de cet outil. En l'espace de quelques nuits, il découvrit dans le ciel nocturne plus d'objets que ses congénères lors des 10 000 ans précédents ! Depuis, les télescopes n'ont jamais cessé d'être perfectionnés. Certains sont si puissants qu'ils peuvent voir jusqu'à mi-chemin de l'Univers, à plusieurs millions de millions de kilomètres.

Le secret du télescope est une pièce de verre ou de plastique façonnée qu'on appelle lentille et dont le rôle consiste à changer la direction des rayons de lumière qui la traversent. Le télescope de Galilée était équipé de deux lentilles : une grande pour recueillir la lumière et une plus petite pour effectuer la mise au point. En 1671, Isaac Newton changea la grande lentille par un miroir recourbé et, depuis, tous les gros télescopes fonctionnent sur ce principe.

Résumé en 3 secondes

Le télescope grossit les objets lointains et nous fait découvrir de nouveaux mondes.

Mission en 3 minutes **Fabrique un télescope**

Matériel : deux verres grossissants, un petit et un grand

Choisis un objet bien visible comme un lampadaire le soir, ou un arbre à l'horizon en plein jour. Tiens le petit verre grossissant près de l'un de tes yeux (en fermant l'autre œil, si tu préfères). Tiens le plus grand verre près du plus petit et éloigne-le graduellement, en fixant à travers ces deux lentilles l'objet visé jusqu'à ce qu'il soit clair et net.

Fais bien attention de ne jamais viser le soleil, cela peut être dangereux pour tes yeux.

Deux grands types de télescope sont utilisés pour scruter le ciel, la nuit.

Les télescopes réfracteurs ont deux lentilles.

Les télescopes réflecteurs ont une lentille et des miroirs.

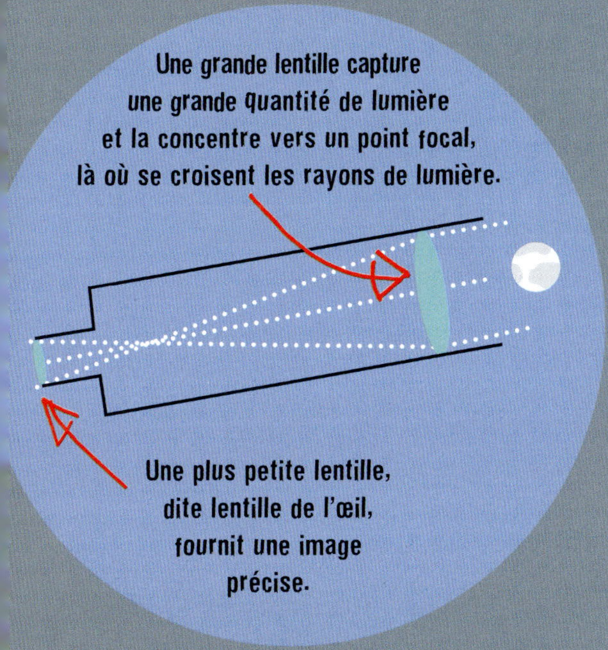

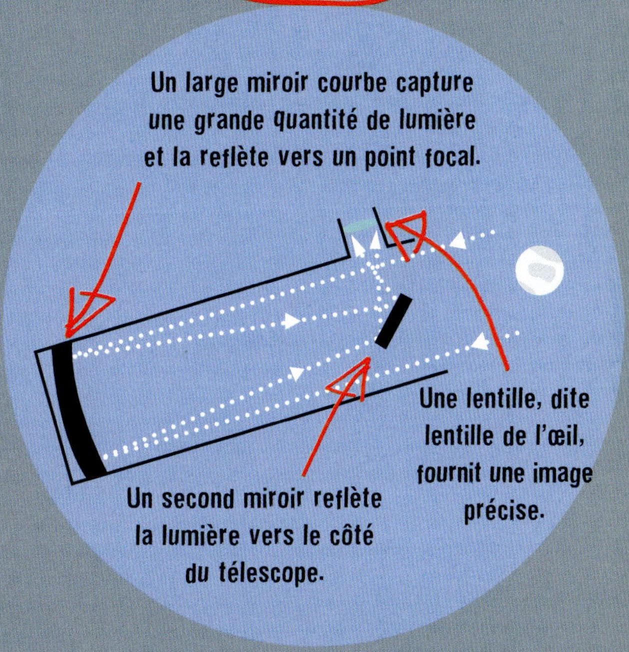

Les rayons X

... en 30 secondes

Les rayons X ont été découverts accidentellement en 1895 par Wilhelm Röntgen, un scientifique allemand. Lors d'une expérience dans son laboratoire, il cherchait à faire passer un courant électrique à travers un tube quand il a remarqué une étrange lueur, sur un écran non loin de lui. La lueur apparaissait et disparaissait quand il allumait et éteignait l'électricité, ce qui l'a conduit à penser que ces invisibles rayons, qu'il a baptisés « rayons X », devaient voyager du tube à l'écran.

Quand Röntgen a approfondi ses expériences sur ces curieux rayons, il a découvert que ceux-ci pouvaient traverser facilement certaines matières, dont la chair humaine, phénomène impossible pour la lumière. Mais les rayons X ne pouvaient passer à travers les os, ce qui a mené le scientifique à une percée majeure. Si on place quelqu'un entre une source de rayons X et une plaque photographique, ses os freineront la course des rayons et créeront une photo aux rayons X. La toute première photo exécutée grâce aux rayons X représentait la main de Mme Röntgen : « J'ai vu ma mort ! », s'est-elle exclamée, horrifiée.

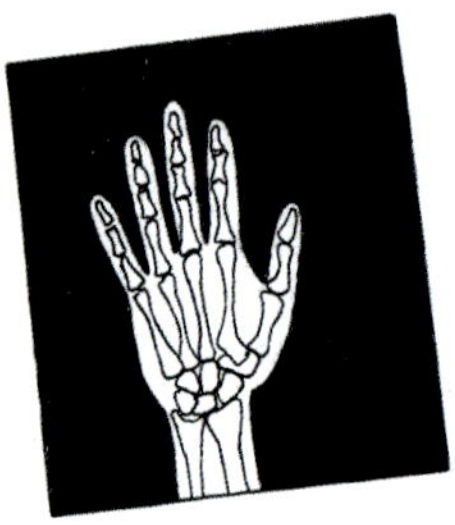

Depuis ce jour, les rayons X n'ont jamais cessé de scruter l'intérieur du corps humain et ont sauvé des millions de vie. Ils servent maintenant à toutes sortes d'usages différents, dont l'astronomie et l'étude de la composition des atomes.

Résumé en 3 secondes

Les rayons X sont invisibles et nous permettent de voir l'intérieur de notre corps.

Mission en 3 minutes **Vois en toi !**

Équipe-toi d'une lampe de poche avec l'ampoule la plus puissante possible. Dans une pièce sombre, mets ta main au-dessus de la lampe et allume celle-ci. Tout comme le font les rayons X, la lumière passera au travers de ta chair mais non de tes os, et tu auras une certaine idée de ce que Mme Röntgen a pu voir et qui l'a tant impressionnée !

La découverte des rayons X a changé la manière dont nous voyons notre corps et notre monde.

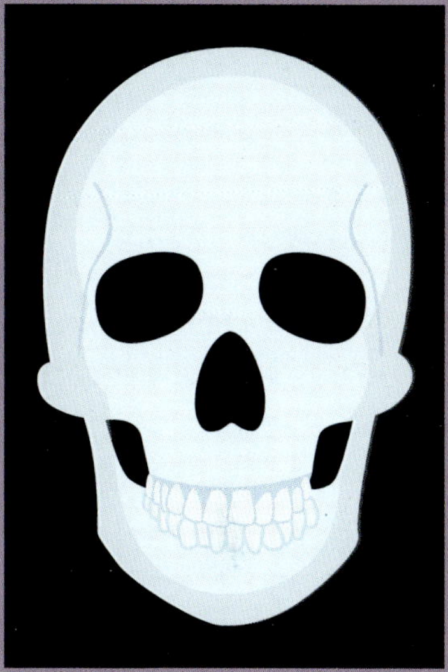

Ces rayons permettent aux médecins de voir sous notre peau sans avoir à faire la moindre incision sur notre corps.

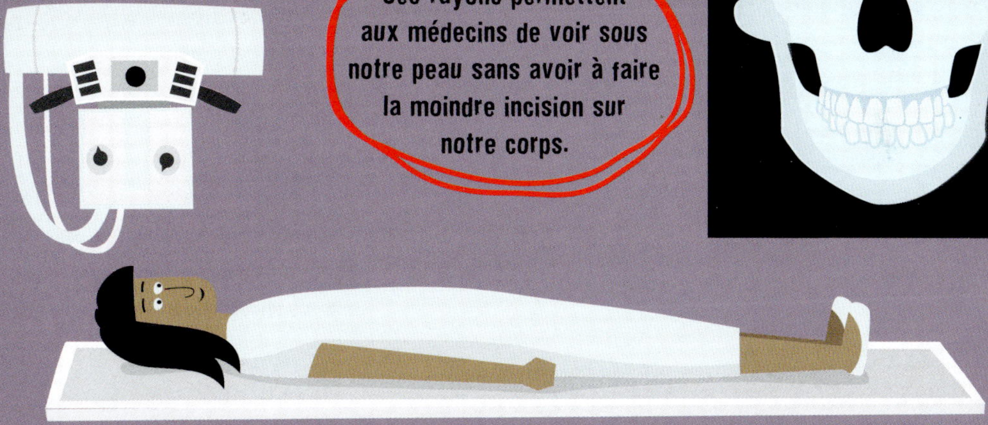

Le télescope à rayons X Chandra tourne en orbite autour de la Terre et détecte les rayons X produits par des étoiles ayant explosé il y a très longtemps.

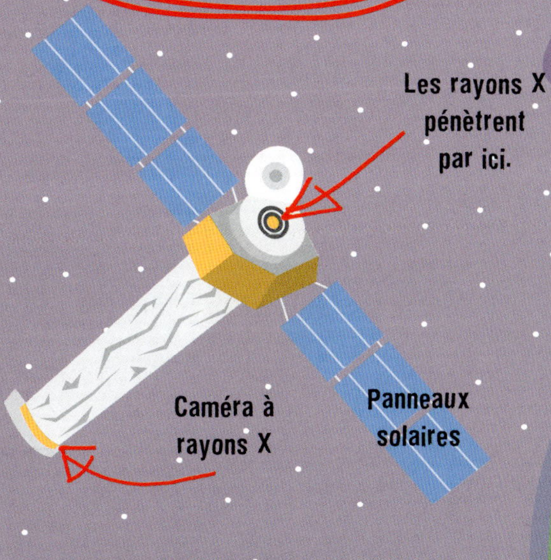

L'ordinateur

... en 30 secondes

Charles Babbage était un homme brillant, mais certaines petites choses l'irritaient : par exemple, les erreurs qui se glissaient dans les tables de multiplication. Ces tables étaient nécessaires à toutes sortes d'opérations, de la construction des ponts aux calculs comptables. Puisque ces erreurs étaient imputables à des êtres humains, Babbage décida de les enrayer en mettant au point une machine à calculer et à imprimer les tables de multiplication.

Avant même de terminer cet appareil, Babbage a eu une idée encore plus géniale : celle d'une machine qu'on pourrait programmer pour résoudre n'importe quel problème ! Babbage a appelé cet appareil « machine analytique » – nous l'appelons aujourd'hui un ordinateur. Malheureusement, Babbage fut incapable de réaliser sa machine parce que les techniques en usage à cette époque n'étaient pas suffisamment développées.

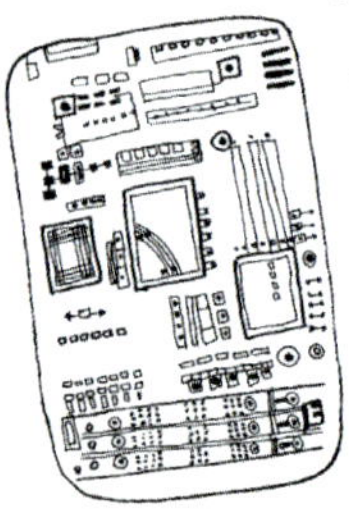

Plus tard, une fois que toutes sortes d'appareils électriques ont été mis au point, des gens ont de nouveau tenté de construire un ordinateur. Les tout premiers ont été fabriqués dans les années 1940 et n'étaient utilisés que pour effectuer des calculs. Aujourd'hui, ils peuvent traiter des informations en tous genres et on les retrouve partout – dans nos télévisions, téléphones, caméras et lecteurs MP3.

Résumé en 3 secondes

Les ordinateurs traitent l'information plus vite et mieux que nous.

Mission en 3 minutes **Compression de données**

Le travail de tout ordinateur est de traiter des informations, souvent en très grandes quantités. Pour gagner du temps et de l'espace, ils compressent les données ; celles-ci conservent leur sens, mais prennent moins de place.

Fais toi-même une expérience équivalente : écris une longue phrase, puis réécris-là en retranchant toutes ses voyelles. A-t-elle encore du sens ? Pour le savoir, demande à un ami si cette phrase est compréhensible.

Les premiers ordinateurs électroniques étaient gigantesques et peu fiables. Bientôt, des ordinateurs moins encombrants et bien supérieurs ont été conçus, et les ingénieurs ne cessent d'en mettre au point de plus petits et plus puissants.

La machine analytique de Charles Babbage – le tout premier ordinateur – était mécanique et utilisait des rouages pour calculer des équations.

Les premiers ordinateurs électroniques, tel l'ordinateur militaire ENIAC créé dans les années 1940, occupaient plusieurs salles et nécessitaient 23 000 composantes électroniques pour résoudre les problèmes qui leur étaient soumis.

Le « cerveau » (unité centrale de traitement) des ordinateurs extrêmement puissants d'aujourd'hui tient dans une simple puce électronique de la taille d'une abeille !

Le satellite

... en 30 secondes

Un satellite est un objet qui se déplace dans l'espace autour de la Terre. La Lune est un satellite de notre planète, mais il existe aussi des satellites artificiels, placés en orbite par des vaisseaux spatiaux. Le tout premier fut Spoutnik 1, lancé par l'Union soviétique en 1957, en partie parce que ce pays désirait montrer aux États-Unis la supériorité de leur technologie. Assez rapidement, plusieurs autres satellites furent lancés par les deux pays rivaux.

Une fois le satellite mis en orbite, il tourne régulièrement autour de la Terre, sans avoir besoin de carburant pour avancer : plus il est loin de notre planète, plus il se déplace lentement.

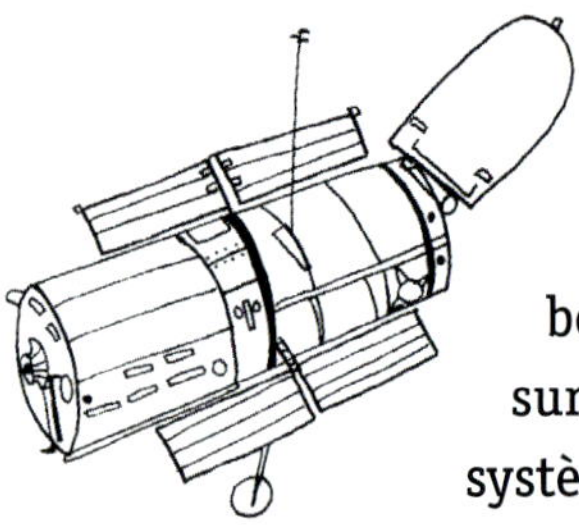

Les satellites communiquent avec la Terre en envoyant et en recevant des signaux radio, remplissant toute une variété de tâches. Certains sont équipés de télescopes, et nous fournissent des vues de l'Univers beaucoup plus claires que celles que l'on a depuis la Terre. D'autres surveillent la météo, informent les gens sur leurs positions (grâce à un système nommé GPS), espionnent les pays ennemis ou relaient des appels téléphoniques, des données Internet et des émissions de TV d'un continent à l'autre. Certains satellites comptent même des gens à leur bord : on les appelle des stations spatiales.

Résumé en 3 secondes

Les satellites tournent autour de la Terre en nous transmettant une foule de données.

Mission en 3 minutes La vitesse du satellite

Pose une balle de tennis sur une grande assiette de plastique légère. Bouge l'assiette de façon à ce que la balle roule doucement le long de sa circonférence. Qu'arrive-t-il si tu bouges l'assiette trop lentement ou trop vite ?

Les satellites se comportent de la même manière. Pour être en orbite, ils ont besoin de se déplacer à la bonne vitesse. S'ils vont trop lentement, la gravité terrestre les fera s'écraser au sol (tout comme elle conduira la balle de tennis au centre de l'assiette). S'ils vont trop vite, ils s'échapperont de leur orbite et iront se perdre dans l'espace.

Les satellites décrivent des orbites autour de la Terre en accomplissant plusieurs tâches.

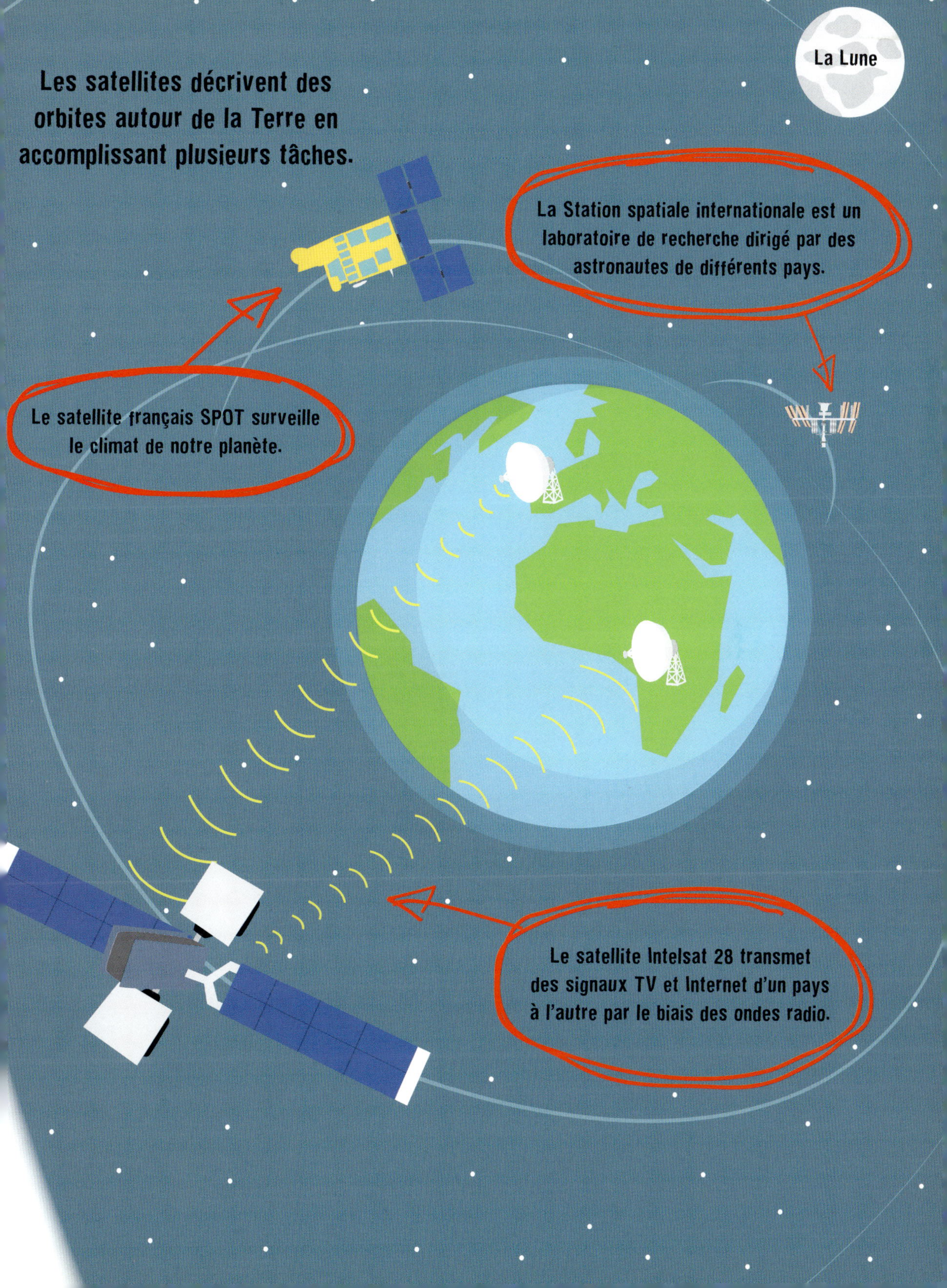

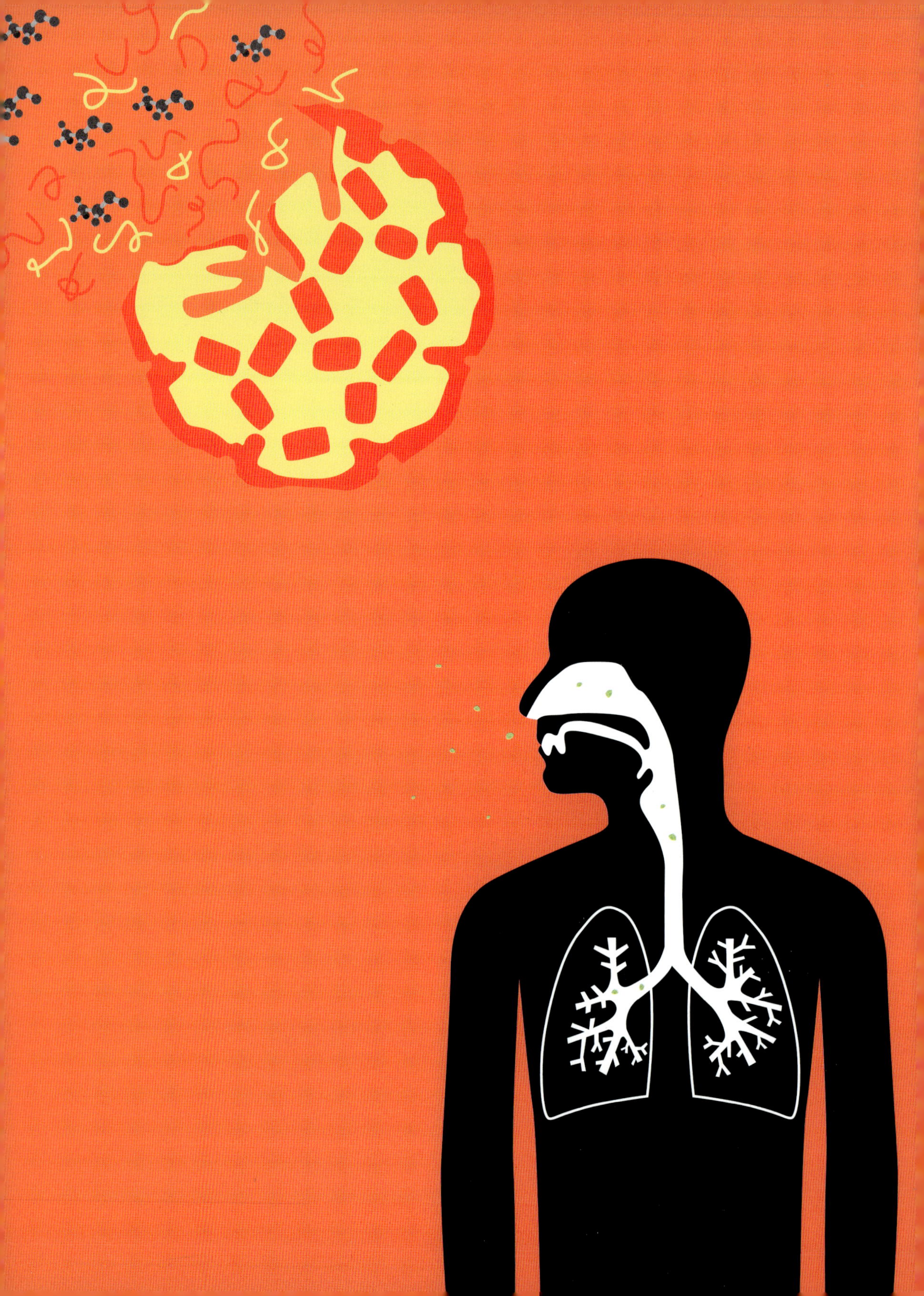

La médecine

Le désir de mieux soigner les malades a toujours poussé les inventeurs à se dépasser pour créer de nouveaux traitements. Comme dans bien d'autres domaines de l'invention, les premières percées ont été obtenues grâce aux propriétés utiles de produits naturels. Mais plus la science a progressé, plus les gens ont pu concevoir des remèdes et des traitements réalisés sur mesure pour guérir telle ou telle maladie. C'est ainsi que de nos jours, les médecins sont capables de soigner presque tout.

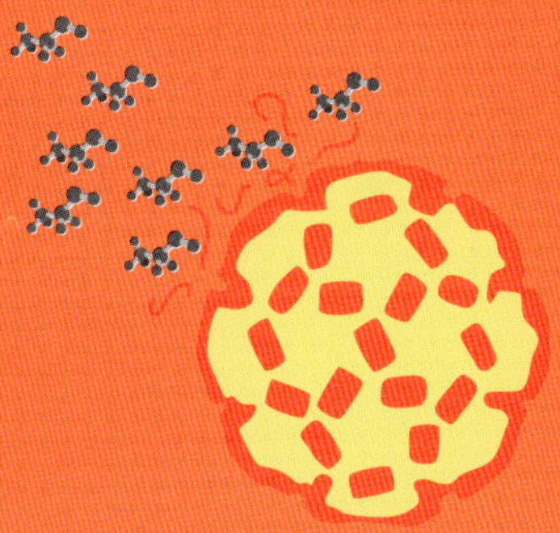

La médecine
Glossaire

anesthésie générale Puissant analgésique capable d'endormir une personne.

anesthésique Produit chimique utilisé lors d'une opération afin de contrer la douleur du patient.

antibiotique Médicament tuant les bactéries dans notre corps. La pénicilline est un antibiotique.

antiseptique Produit chimique tuant les germes.

bactérie Minuscule être vivant invisible à l'œil nu. Certaines bactéries sont à l'origine de maladies, tels que les intoxications alimentaires, le tétanos et la coqueluche. Les bactéries sont une sorte de germes.

germe Minuscule être vivant ou composé chimique seulement visible au microscope, susceptible de causer des maladies.

immunisé Qui est dorénavant à l'abri d'une maladie en particulier.

implant Quelque chose qui remplace une partie de notre corps.

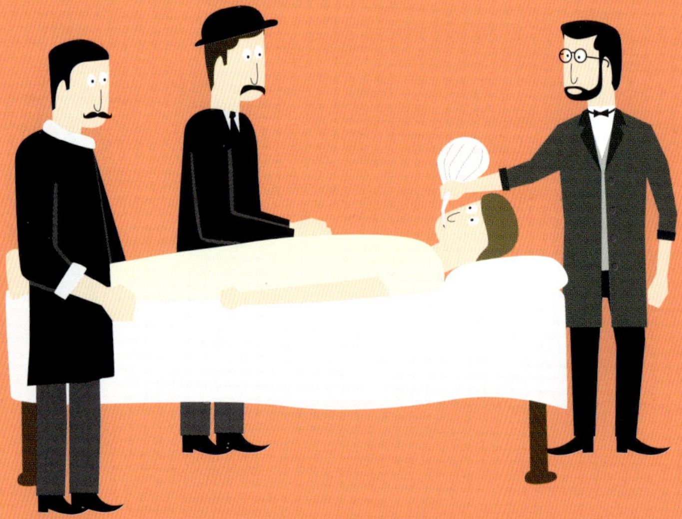

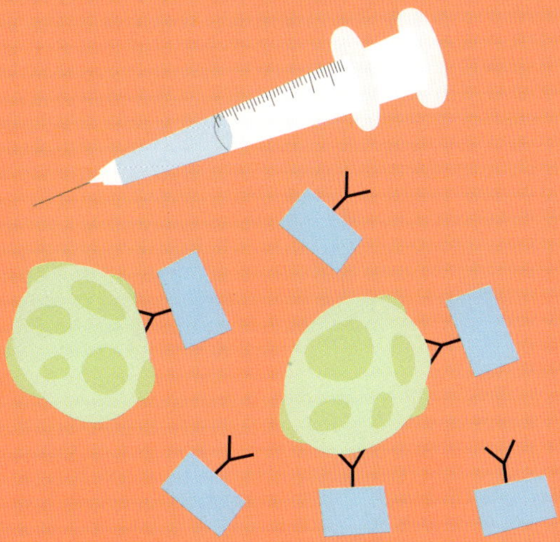

prothèse Implant remplaçant une partie extérieure de notre corps, comme un bras, une jambe ou le nez.

stimulateur cardiaque Le cœur de certaines personnes ne peut battre tout seul normalement. Le stimulateur cardiaque aide le cœur à conserver un pouls régulier.

vaccin Type de médicament servant à prévenir une maladie en particulier.

variole Dangereuse maladie qui a tué des millions de personnes avant la mise au point d'un vaccin.

virus Espèce de substance chimique minuscule et complexe qui se conduit comme un être vivant autonome. Les virus sont des germes et peuvent causer différentes maladies, comme la rougeole et la grippe.

Le vaccin

... en 30 secondes

Edward Jenner était un médecin de campagne du 18e siècle qui, comme tous les médecins de son époque, devait avouer son impuissance à soigner une maladie dont souffraient un grand nombre de ses patients : la variole. Ce mal alors incurable tuait des millions de personnes et laissait la plupart des survivants avec le visage horriblement marqué.

Dans les années 1760, Jenner a décidé de tirer au clair une étrange rumeur : les jeunes femmes qui trayaient les vaches étaient réputées pour ne jamais contracter la variole. « Et si c'était vrai ? », a-t-il songé. Jenner savait que ces femmes souffraient souvent d'une maladie apparentée, dite la variole des vaches, qu'elles attrapaient justement au contact de ces bêtes. Bien que désagréable, cette maladie n'était toutefois pas fatale.

Jenner a alors tenté une expérience risquée. Il a infecté un garçon en bonne santé d'abord avec le pus prélevé dans une des pustules d'une jeune femme atteinte de la variole des vaches, puis il l'a infecté du virus de la variole. Ainsi qu'il l'avait soupçonné, le garçon n'a pas développé la variole : il était devenu immunisé contre cette maladie mortelle. Avec son ingéniosité et son audace, Jenner a sauvé des millions de vies.

Résumé en 3 secondes

Les vaccins enseignent à notre corps à combattre les infections.

L'ennemi juré des maladies

Le vaccin a sauvé d'innombrables vies depuis son invention. Un vaccin contre la rage, une autre maladie mortelle due aux morsures d'animaux, a été mis au point en 1885 à partir de nerfs de lapins enragés. La même année, un vaccin a été réalisé contre le choléra, une maladie qui avait tué des dizaines de millions de personnes lors des décennies précédentes. Puis, en 1896, ce fut au tour de la fièvre typhoïde d'être vaincue par un vaccin qui sauva bien des soldats lors de la Première Guerre mondiale. Plus de 200 ans après la découverte de Jenner, la variole a été éradiquée de la surface de la terre grâce au vaccin.

Quand on injecte à un patient le vaccin contre la grippe, il fait circuler dans son sang des particules du virus nommées antigènes.

Le vaccin nous protège contre plusieurs maladies, de la rougeole à la grippe.

Le corps produit alors des cellules immunisées, qui se lient aux antigènes.

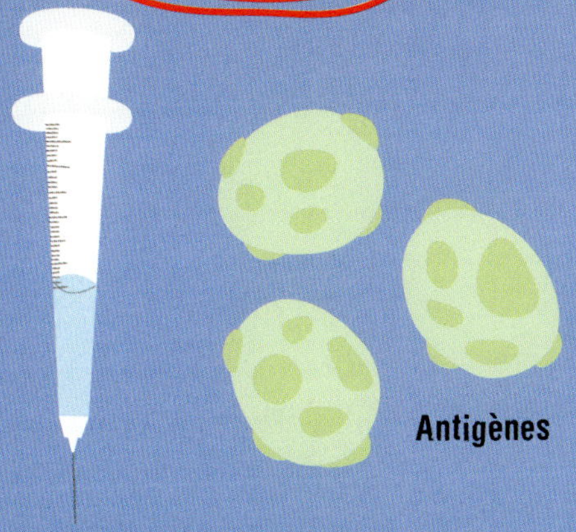

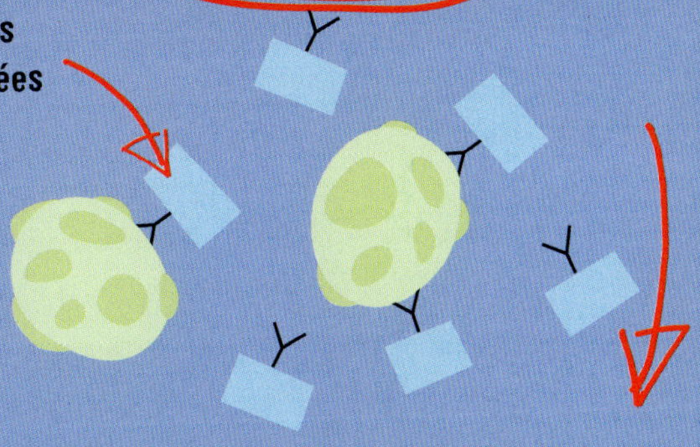

Quand le virus de la grippe déferle dans l'organisme à sa pleine puissance, les cellules immunisées sont prêtes à le combattre.

Les cellules immunisées reconnaissent le virus de la grippe et l'éliminent.

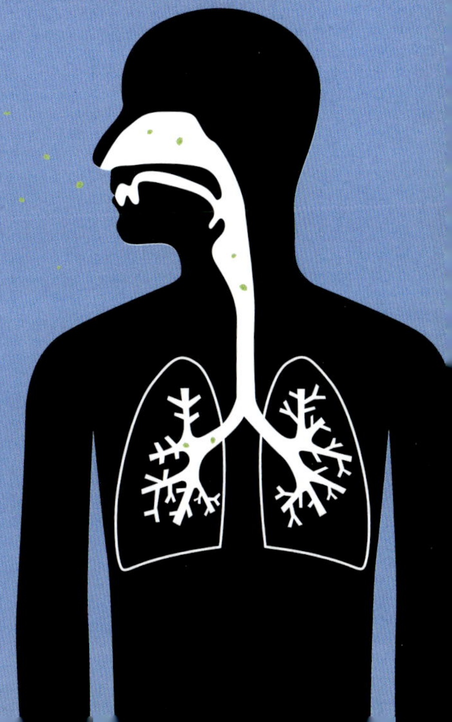

Les analgésiques

... en 30 secondes

Il y a quelques centaines d'années, une opération médicale équivalait ni plus ni moins à une séance de torture. Si une personne avait une infection à la jambe, un chirurgien la lui sciait avant d'appliquer du goudron brûlant sur le moignon. Rien ne pouvait soulager la douleur du patient, qui était immobilisé à grand peine par un assistant pendant l'opération.

Puis, en 1799, Humphry Davy, un inventeur, a fait une découverte capitale en constatant qu'un gaz, l'oxyde nitreux, causait un drôle d'effet aux gens, les faisant rire, tout en réduisant leur souffrance. Plus tard, des chercheurs ont développé d'autres produits chimiques encore plus efficaces pour contrer la douleur. Certains produits plongeaient même le patient dans un profond sommeil sans la moindre sensation de souffrance.

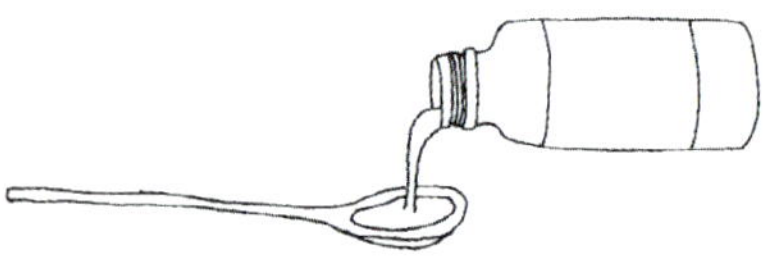

Tous ces analgésiques n'ont pas fait que rendre les opérations plus supportables pour les patients, elles ont aussi permis aux médecins de pouvoir opérer plus longtemps et avec plus de minutie, et de nouveaux types d'intervention sont alors devenus possibles. Avec l'invention de l'aspirine en 1897, les maux de tête ont, eux aussi, enfin pu être traités. De nos jours, le soulagement de la souffrance est devenu un champ d'activité important de la médecine.

Résumé en 3 secondes

Les analgésiques permettent à un patient d'être opéré sans qu'il ressente d'insupportables douleurs.

La chirurgie avant les analgésiques

Avant le 19e siècle, les gens se soumettaient à une opération s'ils n'avaient aucun autre choix. Les analgésiques n'existaient pas et le patient mordait dans un bout de bois pour évacuer sa douleur. Quant aux chances de survie, elles n'étaient pas très bonnes. Dans certains hôpitaux de Londres, 80 % des patients rendaient l'âme après une opération, pour différentes raisons : trop grande perte de sang, infections... ou tout bonnement le choc causé par l'intervention elle-même. Pas étonnant dans ces conditions que la plupart des gens fuyaient les opérations comme la peste !

Une fois que les analgésiques ont été inventés, les opérations sont devenues beaucoup moins douloureuses et plus sûres.

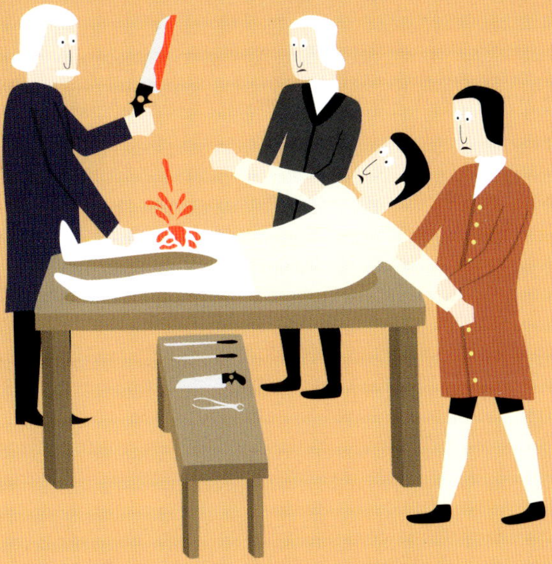

Avant l'apparition des analgésiques, les chirurgiens n'opéraient qu'en ultime recours.

Le gaz hilarant était l'un des rares anesthésiques disponibles – des substances dont le rôle est de neutraliser les nerfs qui envoient les signaux de douleur au cerveau.

L'anesthésie générale plonge les gens dans un profond sommeil. Cette percée a rendu possibles des opérations majeures.

Les antibiotiques

... en 30 secondes

C'est seulement au 19e siècle que les scientifiques – tout particulièrement le grand Louis Pasteur – ont enfin prouvé que les maladies étaient causées par des germes, trop petits pour être vus à l'œil nu. Certains germes sont de minuscules êtres vivants appelés bactéries, tandis que d'autres sont des composés chimiques complexes nommés virus.

Une fois les germes d'une maladie découverts, la manière de les tuer était vite trouvée. Pour éliminer les germes du lait, par exemple, il suffit de le faire chauffer. Un défi plus grand attendait toutefois les chercheurs : déterminer comment tuer les germes nuisibles aux êtres humains.

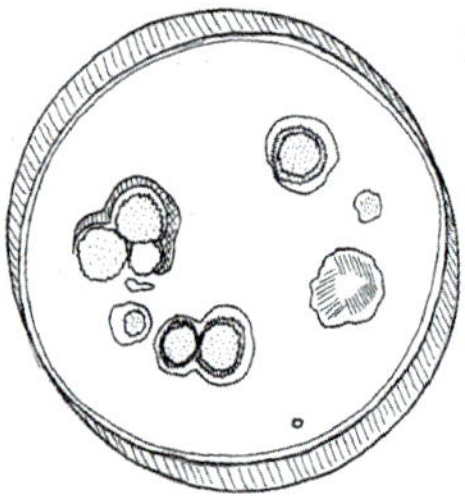

Les germes tuaient tant de gens après une chirurgie que les opérations étaient rarement des succès. Le problème fut résolu par Joseph Lister quand, en 1867, il découvrit que le phénol (acide carbolique) était un antiseptique, un composé chimique qui détruit les germes qui logent sur la peau ou les instruments chirurgicaux.

Le plus important de tous les « tueurs de germes » a été découvert en 1928 par Alexander Fleming... et par accident ! Appelé pénicilline, il a été produit à partir d'une moisissure trouvée sur un fromage bleu. C'était le premier antibiotique, c'est-à-dire une substance capable d'anéantir une bactérie à l'intérieur du corps humain. La pénicilline a sauvé des millions de vies et est toujours utilisée de nos jours.

Résumé en 3 secondes

Les antiseptiques et les antibiotiques tuent les germes et sauvent des vies.

Mission en 3 minutes **Cultive de la moisissure**

Matériel : un cube de bouillon de bœuf • deux tasses transparentes • un morceau de pellicule plastique • un adulte pour t'assister

Fais bouillir un cube de bouillon de bœuf et remplis à demi de bouillon deux tasses. Refais bouillir l'une des tasses dans le four à micro-ondes, laisse-la refroidir et scelle-la avec de la pellicule moulante.
Laisse l'autre tasse à découvert. Remise les deux tasses dans un endroit chaud. En-deçà d'une semaine, de la moisissure devrait se former sur l'une des tasses. La chaleur a supprimé tous les germes des deux tasses, mais la poussière qui s'est formée à la surface de la tasse non scellée a engendré de nouveaux germes, alors que l'autre en est demeurée exempte.

Les antibiotiques éliminent des germes à l'intérieur du corps.

La pénicilline (un type d'antibiotique) tue les bactéries en entaillant leur enveloppe. L'intérieur de la bactérie s'écoule et meurt, laissant une cellule vide nommée sphéroplaste.

Comprimés d'antibiotique

Les antiseptiques éliminent les germes logeant à la surface du corps.

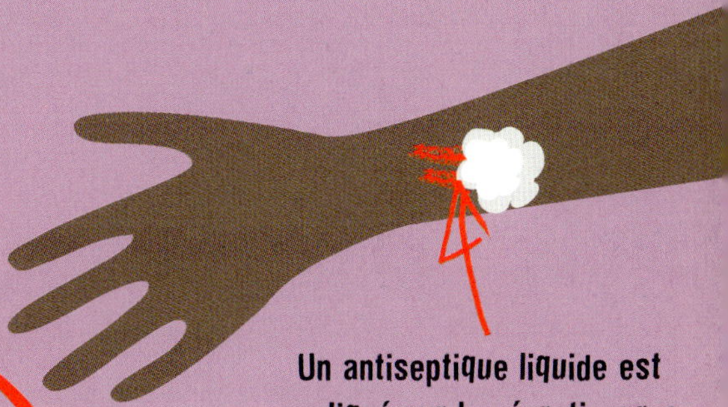

Un antiseptique liquide est appliqué sur les égratignures afin de tuer les germes avant qu'ils ne pénètrent à l'intérieur du corps.

L'éthanol (un type d'antiseptique) s'attaque aux particules de virus en déroulant les longs fils torsadés dont il est constitué, jusqu'à la destruction définitive du virus.

Éthanol

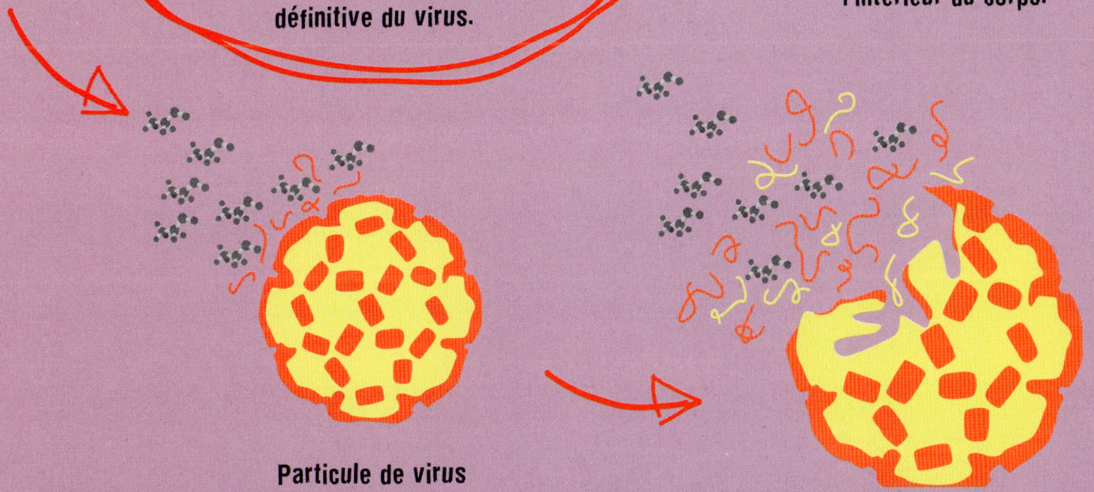

Particule de virus

Les implants

... en 30 secondes

Ton corps est une machine constituée d'une foule de plus petites machines. Ton cœur est une sorte de pompe à sang ; tes yeux, des caméras ; tes muscles, des moteurs. Quand une machine se brise, s'épuise ou s'endommage, ses parties peuvent être remplacées ; il en est de même de celles du corps.

Les machines qui remplacent une partie du corps sont appelées des implants. Quand un implant remplace une jambe ou une main, cette nouvelle partie est appelée une prothèse. Des prothèses rudimentaires telles qu'une jambe de bois et une main-crochet existent depuis des millénaires, mais les prothèses d'aujourd'hui sont presque identiques à de vrais membres. Inventés en 1964, les appareils myoélectriques peuvent même être contrôlés par le cerveau, comme de vrais membres.

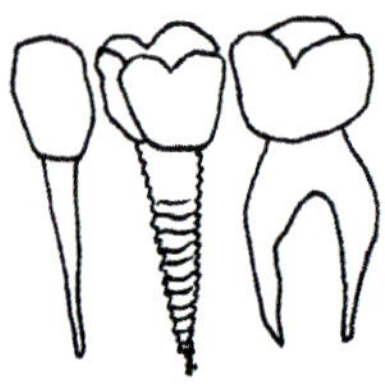

Un des premiers implants à être placés dans un corps a été un stimulateur cardiaque, mis au point en 1932. Depuis, bien d'autres implants ont été inventés, incluant des dents artificielles, des appareils auditifs et des systèmes de vision. Récemment, des scientifiques ont commencé à faire croître des implants à partir de chair vivante. S'ils mènent leur expérience à bien, n'importe quelle partie du corps pourra bientôt être remplacée.

Résumé en 3 secondes

Plusieurs parties de notre corps peuvent être remplacées par des machines.

Mission en 3 minutes
Conçois ton propre super-implant

Dans le futur, des implants pourraient être utilisés pour améliorer la performance des corps « naturels » : des cœurs qui durent plus longtemps, des poumons qui filtrent les particules de pollution, des muscles plus puissants... Et pourquoi pas une supermémoire ou une vision infrarouge ? De quel superimplant aimerais-tu te doter ? Imagine-le, puis dessine-le avant de donner un nom à ton invention.

Les implants remplacent des parties de notre corps qui ne fonctionnent pas, qui ont été endommagées ou qui sont trop usées.

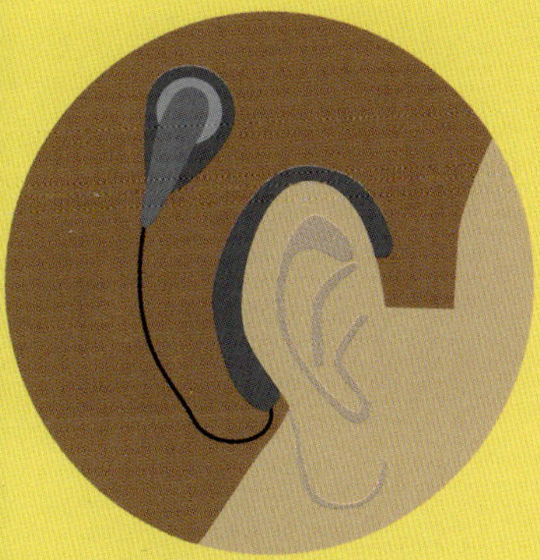

Un implant cochléaire reçoit les signaux d'un microphone, permettant aux personnes sourdes d'entendre.

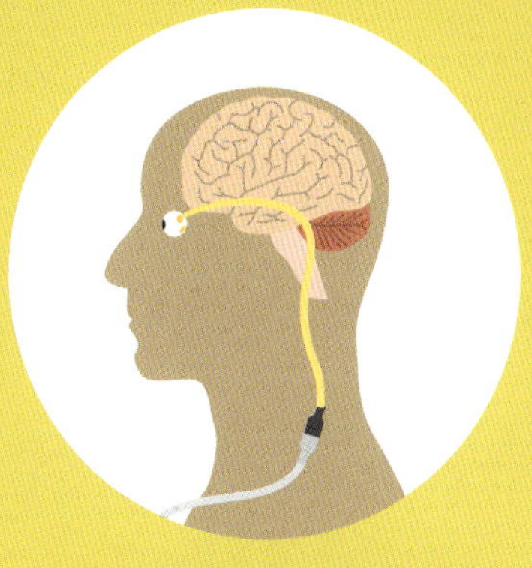

Un implant fixé entre les yeux envoie des signaux électriques au cerveau, donnant aux personnes aveugles une certaine vision.

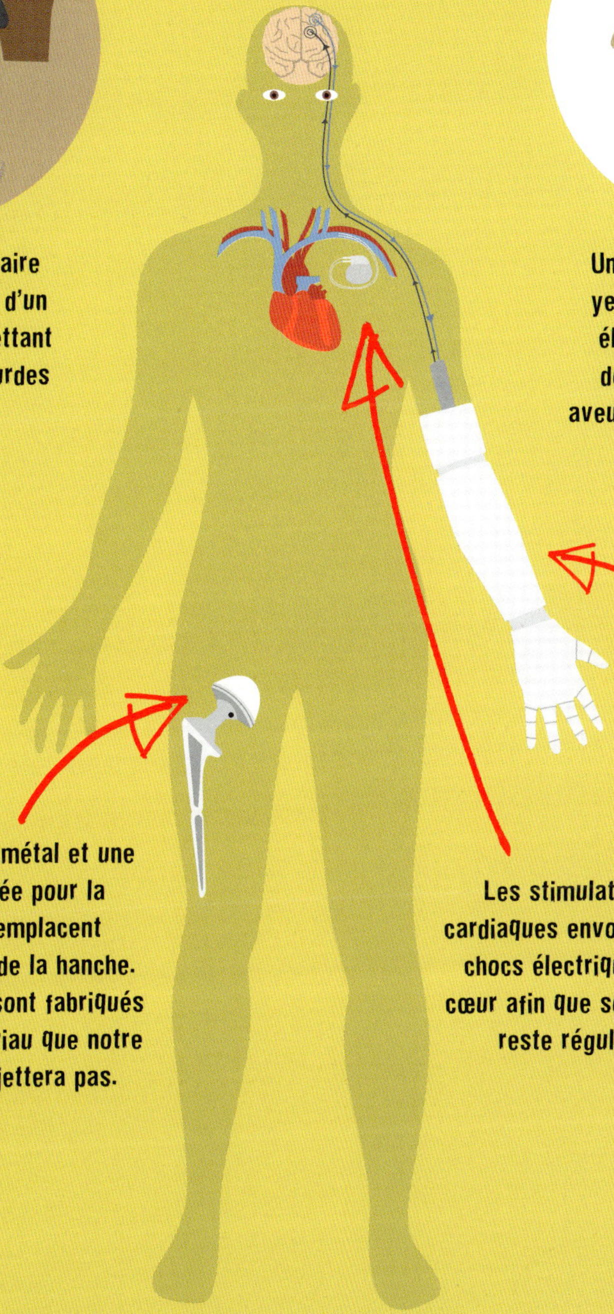

Les bras d'un robot, dont les mouvements sont dirigés par le cerveau, recourent à des moteurs plutôt qu'à des muscles.

Une boule de métal et une cavité taillée pour la recevoir remplacent l'articulation de la hanche. Les implants sont fabriqués dans un matériau que notre corps ne rejettera pas.

Les stimulateurs cardiaques envoient des chocs électriques au cœur afin que son pouls reste régulier.

Télévisions

L'industrie

D'une certaine manière, le monde où nous vivons est une sorte de gigantesque et complexe invention, regorgeant de systèmes conçus pour cultiver des aliments, fabriquer et vendre des biens, construire des maisons, générer de l'énergie, etc. Tous ces systèmes sont des industries, et les industries reposent sur des inventions clés.

L'industrie

Glossaire

actionneur Appareil qui anime le bras ou toute autre partie d'un robot.

atome Objet minuscule constitué d'une quantité de particules encore plus petites, dont les neutrons et les électrons. Les atomes se lient pour composer toutes les choses visibles autour de nous.

chaudière Chauffe-eau, souvent muni de tuyaux et d'une pompe pour envoyer l'eau là où on en a besoin.

désintégrer Briser en minuscules particules. Les atomes des éléments radioactifs se « désintègrent ».

électronique Vaste variété d'appareils fonctionnant grâce au mouvement d'infimes particules d'électricité.

élément Substance ne pouvant être divisée en de plus simples substances. Il existe une centaine d'éléments, à partir desquels sont constituées toutes les substances. L'oxygène et le radium sont tous les deux des éléments.

énergie Capacité pour un ou des objets, ou encore une substance, de fournir de la chaleur, de la lumière ou un mouvement.

fission nucléaire Procédé par lequel les noyaux de gros atomes se brisent, relâchant une grande quantité d'énergie. Les centrales nucléaires utilisent la fission nucléaire pour produire de l'électricité, et la fission nucléaire est aussi employée dans la fabrication de bombes puissantes.

génératrice Machine transformant l'énergie mécanique (comme celle créée par une turbine) en électricité.

laser Appareil produisant un faisceau de lumière d'une couleur bien définie et très concentrée, pouvant être chargée d'une grande quantité d'énergie.

neutron Une des particules qu'on trouve dans le noyau d'un atome, mais qui peut en être isolée et se briser en plusieurs autres parties d'atome.

nucléaire Qui se rapporte au noyau des atomes.

ordinateur Appareil auquel on donne des instructions afin qu'il effectue de multiples calculs.

radioactif Qui produit de dangereux rayons et particules.

radium Élément radioactif brillant dans l'obscurité et dont la température ne baisse jamais.

réacteur nucléaire Invention utilisant du carburant nucléaire pour produire de l'énergie électrique.

robot Machine pouvant être programmée pour exécuter des tâches compliquées normalement accomplies par des êtres humains.

rubis Pierre précieuse rouge utilisée dans les premiers lasers.

sans-fil Technologie permettant à des appareils électroniques de se connecter les uns aux autres ou à Internet, en utilisant des ondes radio plutôt que des fils.

transistor Appareil contrôlant la direction ou le volume d'un courant électrique.

turbine Invention comprenant une roue animée par le vent, l'eau ou la vapeur, dont le mouvement est ensuite converti sous une autre forme.

uranium Élément radioactif utilisé comme carburant dans les réacteurs nucléaires.

Le transistor

... en 30 secondes

La plupart des appareils d'aujourd'hui, dont les télévisions, les ordinateurs et les lecteurs MP3, fonctionnent à l'électricité. Tous ces appareils sont désignés sous le nom « électronique », et leurs composantes essentielles sont des transistors.

On peut comparer le travail des transistors à celui d'un robinet contrôlant le débit de l'eau. Selon ce qu'on lui demande, le transistor peut initier, augmenter ou arrêter le courant de l'électricité à travers un fil. Le premier transistor, inventé en 1947, avait une hauteur de plusieurs centimètres, mais ceux d'aujourd'hui sont trop petits pour être vus sans un microscope, et n'importe quel appareil électronique en comporte des millions.

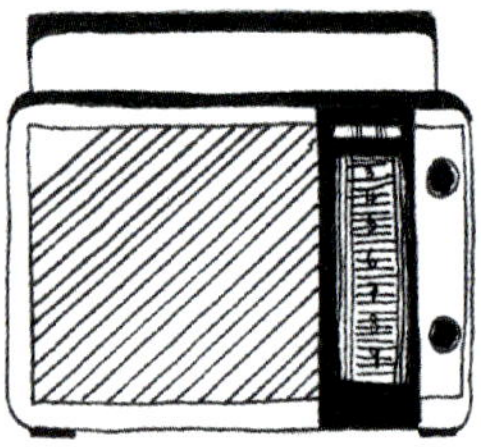

Plusieurs sont d'avis que le transistor représente la plus grande invention du 20e siècle. Les transistors sont plus petits, plus robustes, plus rapides, durent plus longtemps et consomment moins d'énergie que la technologie des tubes à vide qu'ils ont remplacée. À l'image des transistors, les appareils électroniques ont donc réduit en volume et gagné en vitesse et en durabilité, tout en se vendant meilleur marché. Sans eux, nos voitures, machines à laver et ordinateurs seraient des engins énormes et peu fiables, et certains de nos « compagnons » électroniques les plus familiers, nos téléphones et nos ordinateurs portables, n'existeraient même pas.

Résumé en 3 secondes

Les transistors rendent les appareils électroniques plus petits, plus rapides, plus efficaces et moins onéreux.

Radio rock and roll

La radio a été transformée par le transistor. Les anciennes radios étaient coûteuses, imposantes et lourdes, et par conséquent peu mobiles. Les radios à transistor sont apparues en 1954. Plus petites et économiques, elles fonctionnaient à piles, permettant ainsi aux gens d'écouter leur musique préférée au moment et à l'endroit de leur choix – tout cela grâce au transistor. Pas étonnant que ces radios révolutionnaires étaient tout simplement appelées « transistor ».

Les transistors sont partout autour de nous, pas seulement dans les ordinateurs, mais dans chaque appareil électronique, des ascenseurs aux hélicoptères.

Les télévisions et les radios ont été les premiers appareils électroniques dans nos maisons à utiliser des transistors.

Les ordinateurs sont devenus plus compacts, meilleur marché et plus puissants grâce aux transistors.

D'une année à l'autre, la taille des transistors ne cesse de diminuer. Même un minuscule lecteur MP3 contient des millions de transistors.

La réaction nucléaire

... en 30 secondes

En 1902, Marie et Pierre Curie réussirent à extraire un nouveau produit chimique d'un mystérieux minerai noir appelé pechblende. Ce produit chimique brillait dans le noir et dégageait de la chaleur en permanence. Cela était possible grâce à l'un de ses composants, le radium, un élément radioactif – ainsi nommé parce qu'il dégage des radiations.

Les atomes radioactifs produisent leur chaleur en se divisant (en se « désintégrant »). Chaque désintégration d'un atome libère des neutrons, sortes de minuscules particules ressemblant à des projectiles, qui accomplissent à leur tour plusieurs nouvelles désintégrations, donnant lieu à une réaction en chaîne de chaleur. Quand on conçoit un réacteur nucléaire, il est important de bien contrôler les neutrons afin qu'ils dégagent une quantité déterminée de chaleur.

Le scientifique Leó Szilárd a participé en 1942 à la construction du premier réacteur nucléaire expérimental à l'Université de Chicago, aux États-Unis, en utilisant un autre élément radioactif, l'uranium. Cette invention s'est révélée un succès, si bien que durant les années 1950, des réacteurs nucléaires ont été construits dans plusieurs pays. La puissance générée par ces réacteurs est gigantesque : un simple gramme d'uranium produit autant d'énergie que 3 millions de tonnes de charbon. L'ensemble des réacteurs nucléaires en service aujourd'hui représente 11 % de l'électricité mondiale.

Résumé en 3 secondes

Les réacteurs nucléaires utilisent l'énergie concentrée dans les atomes pour produire de l'électricité.

Mission en 3 minutes
Construis un réacteur nucléaire

Matériel : 10 balles de tennis • 9 tubes de rouleau de papier de toilette

Regroupe les tubes les uns près des autres, en posant sur chacun une balle en équilibre. Puis prends la dixième balle et fais-la percuter les tubes. Les balles sont comme des neutrons : une fois libérées, elles libèrent d'autres neutrons. Peux-tu faire tomber toutes les balles en même temps, comme une bombe nucléaire, ou l'une après l'autre, comme un réacteur nucléaire ?

Les réacteurs nucléaires utilisent la fission nucléaire pour créer de l'énergie.

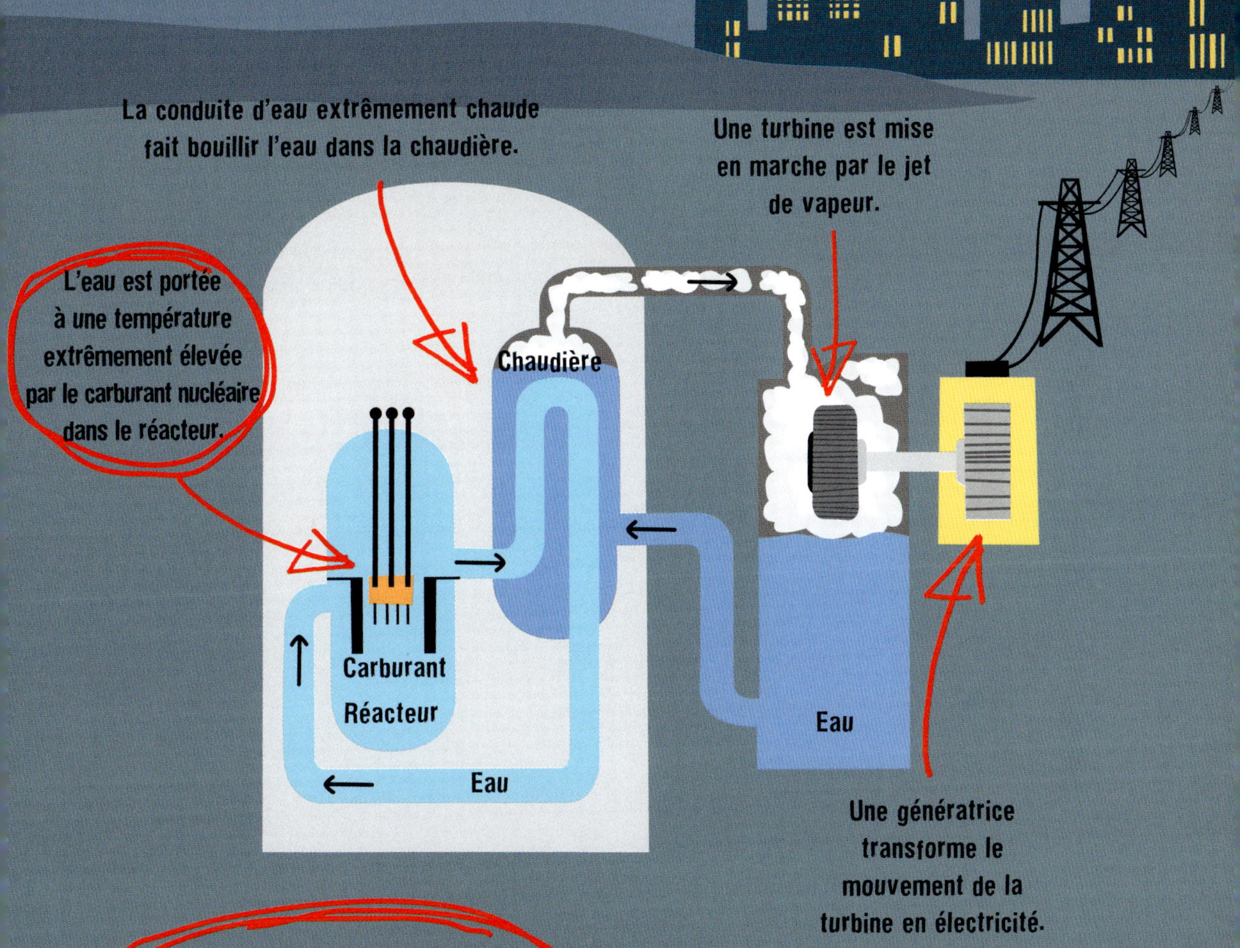

La fission nucléaire se produit quand un neutron frappe un atome d'uranium et se divise (se désintègre), libérant de l'énergie – et encore plus de neutrons.

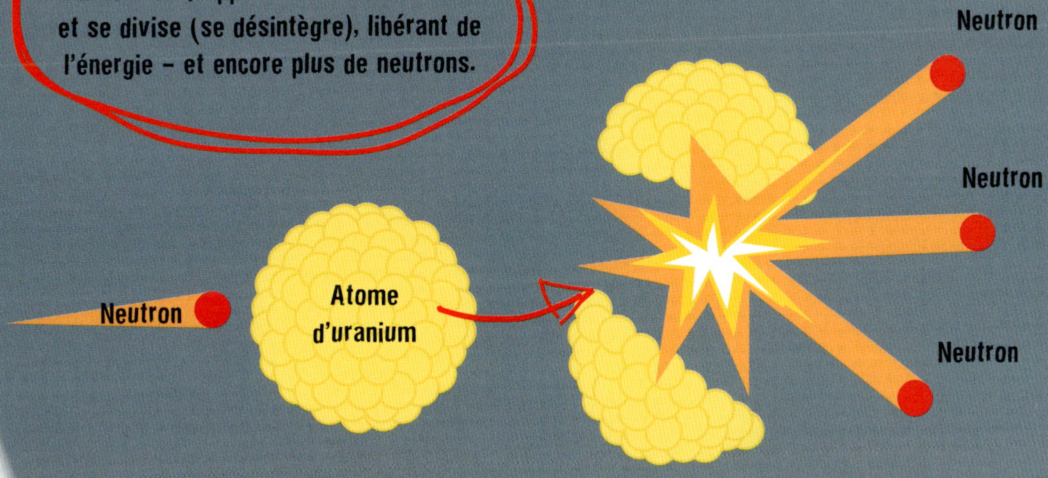

Le laser

... en 30 secondes

Un laser produit une sorte de lumière tout à fait particulière, d'une couleur bien définie. Il se présente sous la forme d'un faisceau très concentré pouvant être dirigé sur un point minuscule, ce qui lui confère une très grande puissance. Albert Einstein a été le premier à caresser l'idée du laser, en 1917, mais le scientifique Theodore Maiman a été son véritable inventeur, en réalisant une première version de travail de cette invention en 1960.

Maiman a construit son laser en plaçant un cristal de rubis entre deux miroirs disposés l'un devant l'autre. Un flash de lumière a été dirigé sur le rubis, le faisant briller d'une lueur rougeâtre. Une partie de cette lumière a été dirigée sur un des miroirs, qui l'a reflétée dans le second miroir en passant à travers le rubis. La lumière a continué de faire ainsi la navette entre les deux miroirs, devenant plus brillante à chacun de ses passages à travers le rubis. Puis un intense faisceau de couleur rouge s'est enfin échappé de la pierre précieuse : il s'agissait du premier rayon laser au monde.

En 1960, personne ne savait encore quoi faire des lasers. On en parlait comme d'une « solution en quête d'un problème ». Aujourd'hui, on les utilise dans de délicates opérations aux yeux, pour le découpage du métal ou la mesure de distances, et toutes sortes de fonctions requérant une précision qu'aucune autre technique ne peut offrir.

Résumé en 3 secondes

Les lasers produisent un nouveau genre de lumière artificielle, un puissant outil pour la science.

Un soleil artificiel

Le laser le plus puissant au monde se trouve en Californie, aux États-Unis. Son rôle consiste à écraser de minuscules boules contenant de l'hydrogène, l'élément dont est principalement constitué le Soleil. L'intense faisceau du laser élève la température de ces boules à des millions de degrés Celsius, et le but de l'exercice est de reproduire le même genre de réaction nucléaire que celle générée par le Soleil.

La lumière provenant d'un laser est différente de toutes les autres formes de lumière naturelle, et elle peut être employée à des usages pour lesquels aucune autre lumière ne pourrait convenir.

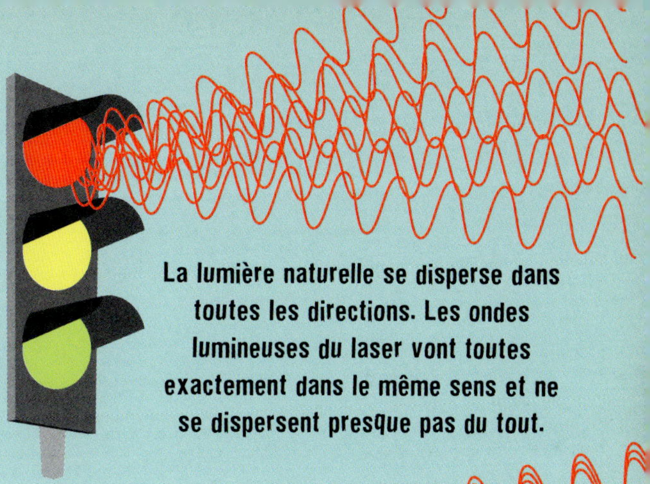

La lumière naturelle se disperse dans toutes les directions. Les ondes lumineuses du laser vont toutes exactement dans le même sens et ne se dispersent presque pas du tout.

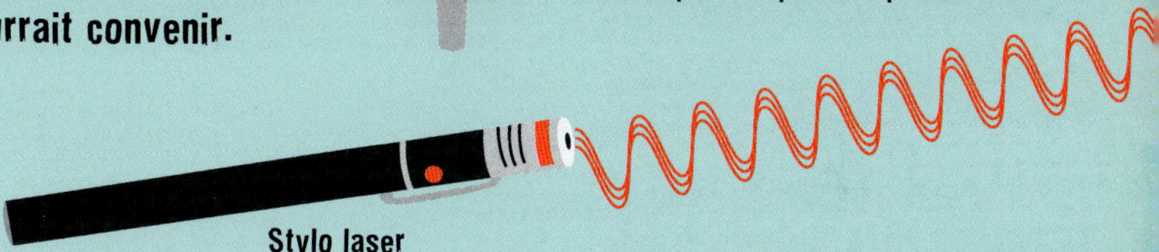

Stylo laser

Il y a quatre types de laser, allant de la classe 1 (la plus faible) à la classe 4 (la plus puissante).

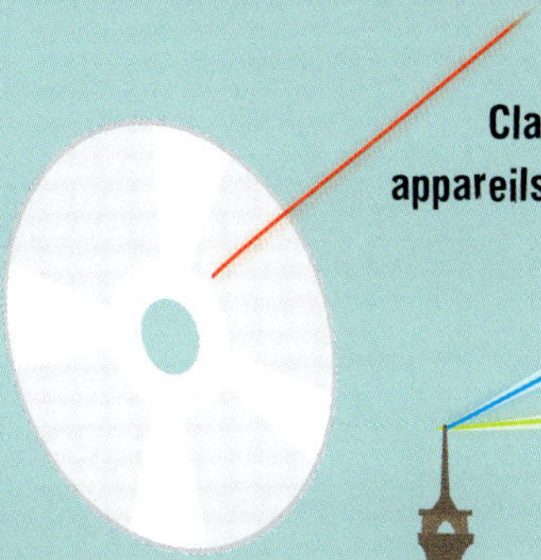

Classe 1 : appareils CD et DVD

Classe 2 : lecteurs de code-barres

Classe 3 : spectacles lumineux

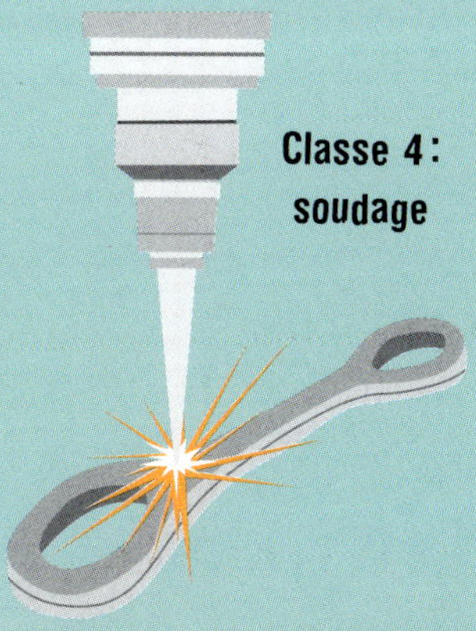

Classe 4 : soudage

Le robot

... en 30 secondes

Au 19e siècle, des manufactures sont apparues partout dans le monde, offrant des emplois nécessitant des gestes répétitifs, monotones et souvent, aussi, dangereux. L'arrivée de machines automatisées a amélioré la situation, mais le problème de ces machines résidait dans le fait qu'elles étaient construites dans le but d'effectuer une seule tâche bien définie.

Puis, en 1961, une nouvelle sorte de machine a été mise en service dans une manufacture d'automobiles aux États-Unis. Baptisée « UNIMATE » elle pouvait être programmée pour accomplir différentes sortes de tâches ; il s'agissait du premier robot travailleur. Les robots partagent plusieurs points communs avec nous : ils possèdent un cerveau (ordinateur), des muscles (moteurs), des sens (capteurs) et une source d'alimentation.

De nos jours, plusieurs secteurs bien particuliers de travail – par exemple, la fabrication d'automobiles ou d'ordinateurs – sont presque entièrement occupés par des robots. Ce ne sont pas des manufactures où les robots ont simplement supplanté les êtres humains. Il y a plusieurs sortes de tâches que les robots accomplissent mieux que nous, parmi lesquelles l'exploration spatiale, la réparation des câbles sous-marins et certaines opérations chirurgicales délicates.

Résumé en 3 secondes

Les robots accomplissent plusieurs tâches encore mieux que nous.

Mission en 3 minutes **Conçois un robot**

1. Avant tout, décide quelle tâche tu voudras confier à ton robot : faire le ménage de ta chambre, faire tes devoirs, grimper aux arbres, promener le chien ?
2. De quelle sorte d'actionneurs (mains, bras) ton robot a-t-il besoin ? Un aspirateur intégré ? Des tentacules ? Un lasso ? Des roues ?
3. Comment ton robot pourra-t-il percevoir son environnement ? Tu n'as pas à te limiter aux cinq sens humains. Il peut comporter un accès sans fil ou un radar intégré.
4. Dessine et donne un nom à ton invention. N'oublie pas de la doter d'un cerveau électronique et d'une source d'alimentation.

Les robots changent nos vies. Nous pouvons les programmer pour qu'ils effectuent toutes sortes de tâches utiles trop monotones ou dangereuses pour les êtres humains.

Les robots espions utilisent la connexion Internet sans fil pour envoyer sons et images à des centres d'opération.

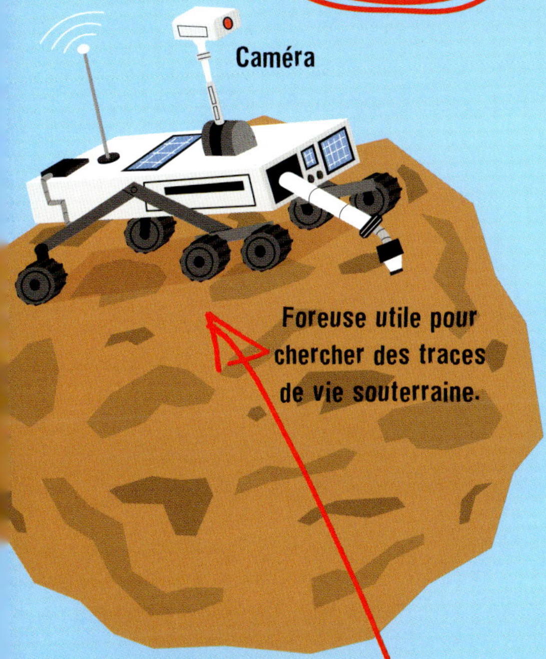

Les chaînes de montage équipées de bras robotisés sont rapides, robustes et précises.

Le Curiosity Rover a parcouru près de 250 millions de kilomètres lors de son exploration de Mars. Il était capable de prendre des décisions simples pour assurer sa protection.

Pour en savoir plus

OUVRAGES GÉNÉRAUX

La Science en 30 secondes, Dr Mike Goldsmith
Hurtubise, 2014

De l'erreur à la découverte : l'origine des inventions les plus célèbres, Donald Graeme
Marabout, 2014

Les Chronokids : les grandes inventions de l'histoire, Stan, Vince et Zep
Glénat, 2014

L'espace en 30 secondes, Clive Gifford
Hurtubise, 2013

Inventions et inventeurs, Collectif
Nathan, 2013

Les Inventions à petits pas, Véronique Corgibet
Actes Sud, 2012

La Science en 3 minutes chrono, Dr Mike Goldsmith
Le Courrier du Livre Jeunesse, 2014

L'Espace en 3 minutes chrono, Clive Gifford
Le Courrier du Livre Jeunesse, 2013

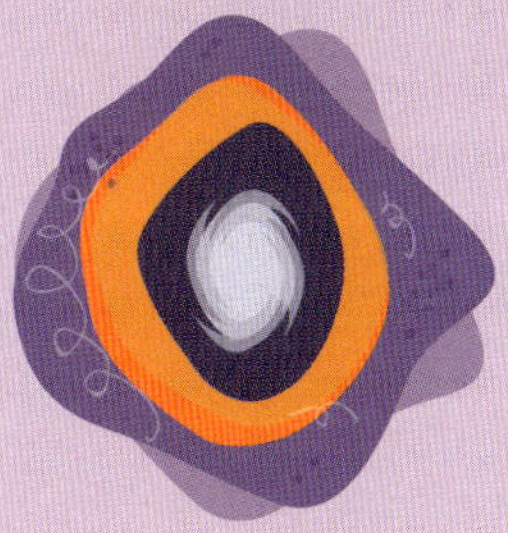

SITES WEB et LIEUX À VISITER

wikimini.org

http://fr.vikidia.org/wiki/Invention

Livre des inventions : http://livre.inventeur.info/

eurekaweb.fr

Musée des sciences et de la technologie du Canada
1867, boul. Saint-Laurent, Ottawa (On) K1G 5A3
http://www.sciencetech.technomuses.ca/francais/schoolzone/coindesjeunes

La Cité des enfants, à la Cité des sciences et de l'industrie
30 avenue Corentin Coriou, 75019 Paris
www.cite-sciences.fr

Index